セガハード戦記

奥成洋輔

白夜書房

はじめに

僕のTwitterアカウントのプロフィール欄は、2010年に始めて以来ずっと変えていない。

「ゲーム考古学を専攻しています。未だ1980~90年代の世界を彷徨っています。」

これを書いたときはそんなに真面目に取り合ってもらうつもりはなかった。当時は会社にもSNS規定がなかったので、Twitterを始めるにあたり、「昔（のゲーム）の話しかしない人間ですよ」ということが言いたいだけだったのだが、10年もこのままにしていると、そのうち真に受ける人が出てくるようになった。

取材で初めて出会った方に「奥成さんはゲーム考古学の先生なんですよね」と真面目に尋ねられて驚いたことがあるが、もちろんそんな学問は存在しない（と思う）。とはいえ近年（2020年）は「セガゼミ」という企画で、先生風のパロディー劇を自作自演してしまったので（台本は自分で書いた）、誤解は広まるばかりである。今は「ゲーム学科」なるものが大学に実在するので、そのうち本当に「ゲーム考古学科」もできるかもしれない。

そのときには入門書があったほうがいい、というわけではないのだが、ひょんなことからゲームの歴史について書くことになったので、自分が授業で喋りそうな話をまとめてみたのがこの本だ。

すでにビデオゲームの歴史の本はたくさん出ている。当事者自身の執筆による論文から、複数の開発者へ取材した研究書、ゲームを題材にしたライターの自分史まで。

本書はそれらの真ん中くらいを目指していて、事実をもとにしつつも堅苦しくなく、ライトに読み進められる本にしたいと思って書いた。

僕がゲーム業界に足を踏み入れてすでに30年以上になるが、業界に入る前もファンとして過ごしており、ほとんど年齢＝ゲーム歴だ。そしてそのかなりの割合でセガファンである。数年前に掲載されたインタビュー記事のタイトルにあった「セガが好きすぎるセガ社員」というのは編集部が付けた二つ名で自称したわけではないが、否定するつもりもない。そんな僕が書くのだから、せっかくなのでセガの家庭用ゲーム機の歴史を中心とした本になっている。

意義としては、なるべく正しい歴史を知ってもらいたいという点につきる。今年で任天堂の「ファミリーコンピュータ」が登場してなんと40年だ。つまり、同じ年、同じ日に誕生したセガハードも生誕40周年を迎える。セガハードについては未だに多くのファンがいてありがたいかぎりだが、意外と知られていない事実も多いので、この機会に知ってもらいたいと思った。

これだけ年月が経つと、１９７８年のインベーダーブームを体験した世代にとっては当たり前のように話されていたビデオゲームの思い出がみんなから忘れられていたり、誤解が広まっていたりもする。たしかにあった本当のことがみんなと共有できていない。それは悲しいことではないか？

ここに書かれていることは、僕自身が社員として経験してきたことはもちろん、入社前の話は先輩方から教えてもらった昔話や、公開されている資料をもとにしたものである。経験していないことや、特にセガ以外のハード、メーカーについては事実と異なるところもあるかもしれないが、極力憶測を膨らませすぎないようにしたつもりだ。

また、本来であればセガハードを語る上では、アーケードの歴史についても触れるのが必然なのであるが、そうなるとさらにボリュームが増えてしまうので、今回は思い切って家庭用ゲーム機開発に話を絞り、１９８０年代から１９９０年代を中心にまとめている。

50代以上の方には思い出を振り返るきっかけに、または大人になって知ると、そういうわけだったんだという気づきに。若い人には、日本の20世紀のＴＶゲームの歴史を理解するための参考になれば幸いである。

なお本書は、特に言及のない場合、「ビデオゲーム」はＴＶゲーム全般を指す言葉として使用する。また、写真使用などでセガの公式ライセンスは取っているが、内容は私の個人としてのものとなっているため、会社の公式見解ではないことをご了承いただきたい。文中の会社名や価格は当時のものであり、数字は基本的に公式リリースやインタビュー記事などで公開済みのものを参照している。

CONTENTS

第2章 | 1985年〜
セガ・マークⅢ

第2.5章 | 1980年代〜
ゲーム雑誌

第3章 | 1986年～
マスターシステム

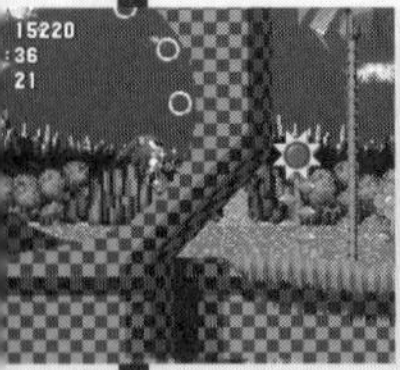
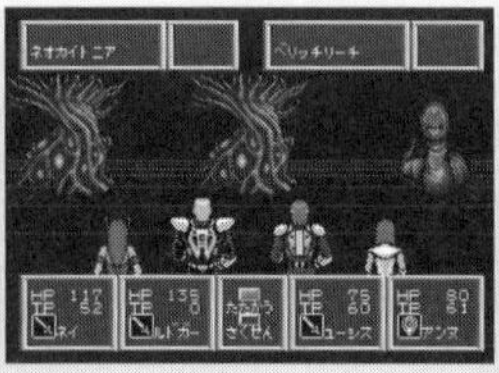

第4章 | 1988年～
メガドライブ

第5章 | 1990年〜
ゲームギア

第6章 | 1994年〜
セガサターン

第７章 ｜ 1998年～ ドリームキャスト

第８章 | 2002年～
その後

序章｜1970年代～

セガハード前史

『スペースインベーダー』から始まったビデオゲームブーム

僕がセガの家庭用ゲームと初めて出会ったのは、1983（昭和58）年の末、友達が「SG-1000」を買ってきたときだ。もちろんゲーム機の存在は以前から知っていた。セガが家庭用ゲーム機に参入したその年、小学生の興味といえばガンプラとビデオゲームだったからだ（なんだ、今と何も変わらないじゃないか）。

セガのSG-1000と、同日に任天堂の「ファミリーコンピュータ」（ファミコン）が発売されたあの日よりもずっと前から、ビデオゲームはすでに子供のあこがれとして君臨していた。

「デジタルネイティブ」という言葉は、生まれたときからインターネットが生活の中にあった1990年代以降に生まれた世代を指すが、ならば僕のように1970年代以降に生まれた世代は「ビデオゲームネイティブ」と言っても過言ではない。

そしてこの世代の子供が最初に触れたビデオゲームは、ファミコンのような家で遊ぶものではなく業務用の、いわゆる「アーケードゲーム」と呼ばれるものだ。もともとアメリカで誕生したビデオゲームは、ホテルのゲームコーナーや映画館の片隅に置かれていた遊技機群「エレメカ」[※1]の1つにすぎなかった。

※1
ピンボールやメダルゲームなどを除く、物理的なギミックのあるゲームを指す。クレーンゲームやもぐら叩きなどがその例。

そのときにあったビデオゲームは『ポン』（テーブルテニス）や『ブレイクアウト』（ブロックくずし）だ。これらは直線的な動きをするドットを、バーを動かして当てて軌道を変えることで、テニスっぽい対戦をしたり、並べられたブロックを1人で消していったりする単純なゲームだった。

それでもこれまで一方的に見るだけだったテレビのモニターの中で、自分が操作できるというのは魅力的で話題となった。仕組みも単純だったため、しばらく経つとこれを家庭のテレビで遊べるようにしたものが発売になった。

日本の初期の家庭用ゲーム機として有名なところでは、エポック社が1975年に発売した国産初の家庭用ゲーム機「テレビテニス」がある。[※2] さらに1977年には「カラーテレビゲーム15」とその廉価版である「カラーテレビゲーム6」という任天堂初の家庭用ゲーム機が登場。このときはテレビでCMがたくさん流れて、より人目につくようになった記憶がある。任天堂初のマシンはなんと2種で70万台という大ヒットを記録するが、ここまではまだビデオゲームブームと言えるほどではなく、数ある娯楽の、あるいはおもちゃの1つのバリエーションにすぎなかった。

ビデオゲームブームの本番は、翌1978年にアーケードゲームとして登場したタイトーの『スペースインベーダー』から始まった。海外製ゲームのコピー製品ばかりが並んでいた日本で、『スペースインベーダー』は、まだめずらしい国産のオ

※2 発売後は、多数のメーカーから類似のテニスゲーム機が発売された。

リジナルゲームであった。ブロックくずしをベースにしつつ、ボールの単純な動きから大きく進化させ、侵略と攻撃という要素を加えた本作は大ヒット。日本中の老若男女の誰もが熱中し、またたく間に社会現象となった。この「インベーダーブーム」により、TVゲーム熱は町中に拡散した。

町にはインベーダーのゲーム機だけを店内に敷き詰めた「ゲームセンター」と呼ばれる店舗が次々と誕生した。当時は「インベーダーハウス」とも呼ばれていて、老若男女でにぎわっていた。さらにインベーダーは喫茶店やスナックなどこれまでゲームと無縁の場所にも現れ、店内のテーブル席のいくつかがインベーダーを内蔵したテーブル筐体に交換され、並べられるようになった。

このインベーダーなどのアーケードゲーム機を取り扱っていたのは、ホテルやボーリング場のゲームコーナーに置く遊具を長年流通させてきたアミューズメント業界だった。

太平洋戦争のあと、日本にやってきた40万人を超すという進駐軍。彼ら向けの娯楽として輸入されたジュークボックスやピンボール機などのゲームマシンを販売・管理し、のちに国産での開発を手掛けてきた業者たちが、アミューズメント業界の始祖である。

進駐軍が去ってからの提供先は、町の娯楽施設だった。娯楽のニーズの拡大に合わせて、業界は乗り物型の遊具や箱型の射的マシンを中心としたエレメカ開発も行うようになり、成長を続けてきた。そして70年代後半になって、アミューズメント業界は大きな転換を遂げる。一時の流行に過ぎないと思われていたビデオゲームは、このインベーダーブームをきっかけに旅館の片隅のゲームコーナーに置かれている遊具から脱却し、本格的に商売の中心になっていったのだ。

子供たちが熱狂した「電子ゲーム」

『スペースインベーダー』の熱狂的なブームは実はとても短く、1年ちょっとで去ったとされているが、自分の当時の感覚としては、あまりに頭をガツーン！とやられたせいか、何年間も続いていた印象がある。というのも、インベーダーはなくならなかったからだ。インベーダーのあまりの特大ヒットにより「ゲーム市場」が生まれたおかげで、「インベーダーの空いたところに置く次のものを用意しよう」と、その後もビデオゲームのブームは続いた。

インベーダーを生み出したタイトーはもちろん、インベーダーに負けないゲームを作ろうとさまざまな新しいゲームを作った会社や、ブームに便乗してインベーダーのコピー品やそっくりなゲームを作った会社など、みんながこのチャンスに乗っかった。そしてポストインベーダーを狙おうと、競って新作を生み出した。『ギャラクシアン』（ナムコ）、『ムーンクレスタ』（日本物産）など、インベーダーの直接的な影響下から生まれたゲームはもちろん、『ヘッドオン』（セガ）、『パックマン』（ナムコ）、『ドンキーコング』（任天堂）、『クレイジー・クライマー』（日本物産）など、まったく新しいタイトルが次々と誕生し、ヒットする。インベーダーで始まったゲームセンターの集客は一過性で終わらず、そのまま町に定着した。

そしてこのインベーダーブームを幼少期に体験したのが、僕の考える最初の「ビデオゲームネイティブ」で、僕自身がその1人だと思っている。

当時の僕の頭の中はインベーダーのことだけでいっぱいで、目に見えるものすべてがドットマトリクスに見えていた（10年後、『テトリス』で同じことを言う人が多かった）。とはいえ、当時僕はまだ小学生。缶コーラ1本が100円もしない時代に、アーケードゲームの1プレイは100円で、これを遊び続けるのには経済的に限界があった。仕方ないのでインベーダーの画面がプリントされた紙製下敷きを手に入れてきて、それを学校の机の中央に置き、背中を丸めて下敷きを眺めながら授業中にイメージトレーニングしたものだ。

しかし絵の動かない下敷きだけではさすがに無理があるので、子供には子供のインベーダーが必要だった。そこに目を付けたのが、トミーやバンダイなどの玩具業界だ。各メーカーはインベーダー（風の）ゲームが遊べるおもちゃ、通称「電子ゲーム」[※3]をこぞって発売した。1979年ごろのことだ。

※3
電子ゲームの元祖はアメリカで1976年に発売されたマテル社の『Auto Race』である。日本ではエポック社の野球ゲーム『デジコム9』（1979年）が初期のヒット作。

アーケードのおもしろさを、シンプルな蛍光表示管（FL）ランプなどの明滅でなんとか再現した小型のおもちゃである電子ゲームは、安くても5000円以上、上は1万円を切るくらいの、当時でもまあまあ高い価格で販売されていた。1プレイ100円と比べると高価な買い物ではあったが、これさえあればいつでもどこでも無限にゲームが遊べる。また、子供たちにはクリスマスや誕生日プレゼントなど、年に何度か電子ゲームを手に入れるチャンスがあった。おこづかいをアーケードゲームに費やすか、貯金して電子ゲームを買うか、子供の間で2つの派閥が生まれた（もちろん両方を手に入れた子だっているわけだが）。どちらにしろ子供たちが本格的に「買い切り」でゲームを所有できるようになったのが電子ゲームだった。

インベーダーブーム後も新しいアーケードゲームが出ると、それに合わせて玩具メーカーが、そのゲームのおもしろさを上手に電子ゲーム化していく循環が生まれ、電子ゲームはNo．1ヒット玩具となって、市場はどんどん大きくなっていった。

一向にセガの話にならないが、さらに続ける。

さて、子供たちは電子ゲームを買えるとなったときに、どれを買うのかを大いに悩む。単純にゲームの種類だけではない。同じゲームをモチーフにしていても、どの会社の作った電子ゲームが最もオリジナルをうまく再現しているか、あるいはアレンジを加えて本物よりおもしろくしているか。小学館の子供向けの人気雑誌『コロコロコミック』や『てれびくん』では人気おもちゃである電子ゲームを毎月のように特集した。子供はこれらの紹介記事を読んだり、デパートのおもちゃ売り場に並ぶ試遊台で遊んだりして必死にゲーム機を選んだが、とにかく数が多かった。

たとえば1980年に大ヒットしたナムコの『パックマン』は、電子ゲームを発売していたほぼすべての玩具メーカーが、それぞれ独自に電子ゲーム化している。まずトミーの『パックマン』は、丸くて黄色い本体のデザインは未来の工業デザイン的で美しく、商品名もオリジナルと同じでホンモノ感は抜群だった。ただ実際遊んでみると、移動できる迷路のサイズはとても小さく、操作はレバーではなく十字に配置された4つのボタンで、さらにパックマンは描かれた絵がその向きしかないためか、右から左への移動時にしかエサを食べられないなど、内容にはいろいろと問題があり、僕の周りの評価は低かった。逆に多くの友人たちの間でスタンダードになっていたのは以下の2機種だ。1つはバンダイの『FLパックリモンスター』。移動マップはトミーのものより広く、キャラクターも軽快に動く。コーヒーブレイクのデモも類似作の中で唯一再現されており、価格も7800円と、他社より比較的安めだったことも魅力的だった。

もう1つはエポック社の『パクパクマン』だ。こちらは後述する「ゲーム&ウオッチ」と同じく液晶画面の小型機だが、ボタン電池駆動の携帯性の高さと、競合品の中では最も安価な6000円という価格で、特に売れていた印象がある。

そんな中で僕が買ったのは学研の『パックモンスター』だ。価格こそ8500円と高価だが、マップは最も広く、アーケードと同じ縦画面構成で、ゲームセンターの雰囲気に一番近いと思っていた名機であった。

子供たちは自分の選んだパックマンが一番おもしろい（再現度が高い・熱中する・音が良い）と信じて、友達と遊び比べたりした。

もちろん『パックマン』以外のゲームを買うという手もある。アーケードゲームを元にしない、オリジナルのゲームも多数発売された。有名なのは、任天堂が発売したゲーム&ウオッチのシリーズだ。蛍光管を使わない、電卓を応用した液晶画面[※4]を使っていたのが目を引く携帯型電子ゲームで、5800円。春から夏の数カ月で4種類のゲームが次々と発売された。

第1弾の『ボール』こそ、日本ではなじみの薄い海外メーカーMeadows Gamesのアーケードゲーム『Gypsy Juggler』（1978年）を電子ゲーム化したものだったが、リズミカルな効果音が気持ちのいいゲームプレイは独特の魅力があった。また、海外コミックのキャラクターを感じさせるオシャレで愛嬌のあるシルエットのキャラクターとコンパクトな本体デザイン、大人向けにアピールしたテレビCMも功を奏してか、発売間もなく注目を集め、第4弾の『ファイア』[※5]は特に人気となった。初期の5作品だけで予想をはるかに上回る60万台が売れたという。

※4
液晶画面のゲーム機自体はゲーム&ウオッチが世界初というわけではなく、アメリカでは先行して発売されており、任天堂はそれを参考に小型化したということである。

※5
火事のビルから飛び降りた人たちを、トランポリンを使って救助するゲーム。アメリカのExidy社が1977年にリリースしたアーケードゲーム『サーカス』（通称：風船割り）に着想を得ていると思われるが、プレイ内容はかなり異なる。

ゲーム&ウオッチはその後も改良を加えた新作が数カ月おきにリリースされ、1981年にはワイドスクリーンの『オクトパス』、そして1982年に発売された上下2画面のマルチスクリーン『ドンキーコング』も大ヒット。ゲーム&ウオッチシリーズは、最終的に日本で1287万個、海外で3053万個も売れたということだ。電子ゲームとしては後発の参加であった任天堂だが、ここでも大きな存在感を放っていた。

さて、このマルチスクリーン『ドンキーコング』は、1981年にゲームセンターでリリースした人気ゲームを移植したものだったのだが、電子ゲームのブームはこの『ドンキーコング』がピークとなる。アーケードゲームの技術の進化が早すぎて、電子ゲームでゲームシステムを再現するのも困難となり、またシンプルなゲームシステムも飽きられ始めていたのだった。

家庭用ゲーム機とホビーパソコン

そこで改めて現れたのが、家庭用ゲーム機だ。

インベーダーブーム以前にも『ポン』を家のテレビで遊べるようにした家庭用ゲーム機はいくつも存在したが、遊べるゲームは電子ゲームと同じく実質1種類しかなく、内容も単純なため飽きやすい問題があった。カートリッジ交換式のゲーム機も出てはいたのだが、さらに値段が高価だったため普及することはなかった。

この黎明期に成功を収めたのが、前述のカラーテレビゲーム15を発売した任天堂と、エポック社だ。エポック社は任天堂のカラーテレビゲーム15とほぼ同時に「システム10」というゲーム機で参戦。テレビで遊ぶ野球ゲームの元祖的な存在「テレビ野球ゲーム」、1ラインしかいないとはいえインベーダーゲームを家のテレビで遊べるようにした「テレビベーダー」などを経て、低価格のカートリッジ交換式ゲーム機「カセットビジョン」を1981年に発売し、これが大ヒットする。

ゲーム画面はどれも子供が組み立てたブロック人形レベルの、大きなモザイクのようなキャラクターではあったが[※6]、カートリッジ（カセット）を交換することでまったく別のゲームが遊べるゲーム機が1万円台で購入できたのは画期的だった。

本体1万3500円、カートリッジが4980円という価格は電子ゲーム2台分なので、この初期投資を得られる子供は限られていたが、それでも日本の多くの子供が初めて注目したカートリッジ交換式ゲーム機だ。

また、この時代はテレビも個人が占有できるものではなく、TVゲームとなると、家族で遊ぶか誰もテレビを見ていないときにしか遊べない、非常にもどかしいものであった。それでも手に入れた子供の家は、毎日のように友達が入り浸るほどの人気で、ヒット商品となった。

※6
当時の子供の目でも「いくらなんでも絵が荒すぎる」と、画像については不評だった。

カートリッジ交換式システムは、カセットビジョンが初めてではない。アメリカでは世界初の家庭用ゲーム機である「オデッセイ」（1972年）においてすでにシステムが搭載されている。70年代後半にはアメリカでは複数のカートリッジ交換式ゲーム機が登場し、インベーダーブーム後に少し遅れて日本でもいくつか発売されているが、1ドル＝200円前後だった時代の輸入品ということもあり、日本での販売価格が5万円くらいと高額で[※7]、カセットビジョンまでの機種は子供の話題には上らなかった。

しかし、現地アメリカは違う。200ドル弱で販売されていた「アタリVCS（のちに「アタリ2600」と改称。以下、アタリ2600）[※8]」は、カセットビジョンを上回る性能で、インベーダーやパックマンのソフトがカセット交換で遊べるということで1500万台を超える大ヒットを飛ばしていた。

残念ながら日本ではこういう情報はなかなか伝わってこなかった。映画『スター・ウォーズ』の劇場公開ですらアメリカの1年後だった当時の日本では、TVゲームブームの熱もほとんど知らされていないまま、電子ゲームブームが続いていた。その後アメリカで1983年から始まるいわゆる「アタリショック[※9]」によってTVゲームのブームが急速に鎮静化した頃になり、ようやく日本でも本格的なブームが始まる。ともかくここでは日本の話を続ける。

※7
国産機もバンダイから「スーパービジョン8000」というカートリッジ交換式ゲーム機が発売されているが、値段はインベーダーのカートリッジ同梱で5万9800円と、かなり高価な商品であった。

※8
VCSはVideo Computer Systemの略。アタリ2600は日本では「カセットTVゲーム」の名称で1980年に輸入販売されているが、インベーダーのカセット付きで4万7300円とやはり高価だったため、大きな話題にはならなかった。

※9
1982年の年末商戦で、低品質なゲームソフトが市場にあふれたことに加え、

さて、電子ゲームや家庭用ゲーム機と並行して、パーソナルコンピューター（当時はマイクロコンピューター＝マイコンと呼んでいた）が徐々に家庭へ普及してきたのもこの頃だった。最初は高価でとても買えなかったパソコンだが、松下電器が「JR-100」、東芝が「パソピア」を出した1981年末以降になると、何万円もするPC用のモニターを追加購入せずとも、家庭のテレビに繋いで使えるようになり、ようやく一部の家庭では見かけるようになってきた。現在は「ホビーパソコン」と呼称されている、低価格のパソコンたちである。

中でもNECの「PC-6001」は子供のあこがれになった。当時『コロコロコミック』で、子供へのビデオゲームブームの火付け役となった漫画「ゲームセンターあらし」を連載していたすがやみつる先生が、漫画の単行本として書き下ろした画期的なPC入門書『こんにちはマイコン』（小学館、1982年）にて、1冊すべてを使ってPC-6001を紹介していたからだ。

「ゲームセンターあらし」の外伝みたいな漫画だと思って、『こんにちはマイコン』を手にした子供たちが知ったことは、パソコンさえあればTVゲームは家で自作できるということだった。あらしのファンにとっては衝撃的な事実だった。※10

事実、多数のホビーパソコンの登場により、多くの若者がパソコンの虜となった。彼らは新しいゲームを自作したり、人気のアーケードゲームを移植したりして技術を磨いた。その結果、その後のゲーム業界を牽引するプログラマーが生まれ、ゲー

過剰供給が仇となって大量の在庫を抱えて大きな赤字を出したことをきっかけに、アメリカの最初のTVゲームブームが終焉し、市場崩壊した事件のこと。この言葉が実際に当時存在したかどうかなどは諸説あるが、現在一般的に浸透しているので、そのまま使わせていただく。

※10
『こんにちはマイコン』の成功を受け、すがやみつる先生は「ゲームセンターあらし」の連載に入れ替わるかたちで、『別冊コロコロコミック』で「マイコン電児ラン」を連載開始する。自作ゲームでライバルと対決する漫画だったが、残念ながらこちらは予想よりもヒットせず、短期連載で終わった。

ムメーカーが誕生するきっかけとなっていた。しかしそれは10代後半以上からの話で、『コロコロ』読者の小学生にはまだ早い。PC－6001はいくらこれまでのパソコンよりも低価格とはいっても8万9800円。電子ゲームの10倍の値段だ。当時最も安価なJR－100でも5万4800円もした。自分でゲームを作ることにあこがれつつも、子供たちはまだ電子ゲームから離れられなかった。

　そこへ電子ゲームを作っていた玩具メーカーが、このホビーパソコン市場にも参戦した。1982年のことだ。有名なのはトミーの「ぴゅう太」、さらに電子ゲームには参戦していなかったタカラも「ゲームパソコン」※11を発売した。どちらも5万9800円と価格は大きく違わないが、これらの玩具メーカー製のパソコンにはカートリッジを挿すところがあり、カートリッジでゲームが供給された。なんとゲームをプログラムしなくても、カセットビジョンのように電源を入れてすぐにTVゲームが遊べてしまうのだ。※12これら玩具メーカーのホビーパソコンは、これまでのパソコン流通ではなく、おもちゃと同じ玩具流通を使っていたので、デパートのおもちゃ売り場などに置かれるようになった。

　とりわけゲームセンターのヒット作『フロッガー』（コナミ）が遊べてしまうぴゅう太の魅力は輝いており、おもちゃ売り場の試遊コーナーにはいつも子供たちが集まっていた。

　テレビで遊ぶゲームの迫力は、電子ゲーム版の学研の『フロッガー』やバンダイ

※11
ゲームパッドを除いた「ゲームパソコンM5」も4万9800円で翌年に発売された。また、タカラと共同開発したソード電算機システム社からも「ゲームパソコンm5」という名前で発売されており、こちらも4万9800円だった。

※12
これまでのパソコンソフトは、プログラムの入ったオーディオカセットテープを再生させて、何分もかけて読み込ませてからゲームをプレイするのが基本で、カートリッジ式ゲームは多くなかった。

の『クロスハイウェイ』などではまったくかなわないもので、オリジナルそっくりの表現力とそれによるゲームの奥深さの差が、子供にもはっきりとわかった。同様にゲームパソコンも『ギャラガ』や『ディグダグ』などナムコの人気タイトルが多数移植されており、試遊スペースのあるデパートは子供に大人気だったが、やはり高額な価格がネックで、実際に買ったというクラスメイトは僕の周りには誰もいなかった。

ホビーパソコンとともに現れた家庭用ゲーム機がバンダイの「インテレビジョン」[※13]だ。キーボードが付いていないのでゲームを自作することはできないが、カセットビジョンをはるかに上回る色鮮やかで美しい画面はホビーパソコン以上に見えた。4万9800円という価格は過去のカートリッジ交換式ゲーム機と同様高額だったが、少し前のアーケードゲームに近い高精細で鮮やかな画面は、他機種と比較しても次世代の画質に感じた。遊べるゲームの種類も豊富な上、価格自体もホビーパソコンよりは安い。インテレビジョンのターゲットは20代だったそうで、少なくとも日本ではアーケードゲームの移植ではなくスポーツゲーム中心のラインナップだったからか、子供向けの雑誌ではあまり紹介されることもなかった。しかしバンダイの若者をターゲットにしたプロモーション戦略のおかげで、ワンランク上のゲーム機があるというあこがれの記憶だけが残された。

※13　1980年にアメリカの玩具メーカー、マテル社が発売。日本では、マテルと業務提携していたバンダイが1982年に発売した。ちなみに、インテレビジョンの名前は、正しくはインテリビジョンなのだが、本書では日本で販売されたときの名前で統一する。

1983年、ファミコンとSG-1000が登場

そして運命の1983年がやってくる。僕は12歳の小学6年生になっていたが、もちろんゲームに夢中だった。

『コロコロコミック』は、最新の電子ゲームの特集を続けていたが、夏を過ぎた頃になると、ゲーム特集記事に、ずらりとそろった家庭用ゲーム機の比較記事が掲載された。

トミーの「ぴゅう太Jr.」はキーボード（プログラム）機能を削除したゲーム特化型で、1万9800円（ソフト1本付き）と、オリジナル版からかなりの低価格化を果たした。バンダイの「アルカディア」※14は1万9800円と低価格になったインテレビジョンの姉妹機で、互換性はないが同様に多数のゲームがラインナップされた。インテレビジョンにはない、アーケードゲームの移植タイトルがいくつかあるのが何より魅力だ。エポックの「カセットビジョンJr.」はヒット機の廉価版で、5000円と破格の値段だったが、ほかのゲーム機の画面と比べてしまうと、すでに前世代のゲームという印象だ。学研の「TVボーイ」も安価とはいえ同様だった。

そして任天堂のファミリーコンピュータ。誌面で紹介されるときの写真はいつも『ドンキーコング』だった。『ドンキーコング』は2年前に大ヒットしたゲームなの

※14 実はバンダイはインテレビジョン以前にも「アドオン5000」や「スーパービジョン8000」を、アルカディアと同時期にはホビーパソコン「RX-78」、ベクタースキャンモニタを本体とした「光速船」など、手を替え品を替えいろいろ展開していたが、ここでは割愛する。

で、少し古くはあったが、画面はゲーム&ウオッチ版や類似の電子ゲーム版などとは比べるまでもないほど、アーケード版とほぼ同じに見える。実際に当時のライバル機と比較しても格上の表現能力を持っていて、しかも価格は1万4800円とほかよりも安かった。唯一、発売されるタイトル数が圧倒的に少なかったのが難点か。

そして、ファミコンの隣でいつも紹介されていた家庭用ゲーム機が、セガのSG-1000だった。画面はいつも『コンゴボンゴ』だ（お待たせしました。さぁ、ようやくセガの話だ）。

当時の僕にとってセガという名前は、映画館のロビーの休憩所[※15]に置いてあるゲーム機の画面で見たような気もするが、玩具としては初めて見る会社だった。画面写真を見るかぎり、見た目はファミコンには劣るものの、アルカディアやぴゅう太と同じくらいの表現力で、しかも発売予定タイトル数も多く、価格も1万5000円とかなり安い。

というわけで僕は1983年のクリスマスに、セガのSG-1000……ではなく、そしてファミコンでもなく、悩んだ末にアルカディアを買うことにした。近所のお菓子屋の店頭で眺めていた『ジャングラー』（コナミ）や『ホッピーバグ』（セガのアーケードゲーム『ジャンプバグ』移植版[※16]）といったアーケードゲームの移植ゲームが遊べることが決め手だ。しかし買うときはつい勢いで、なぜか当時の人気アニ

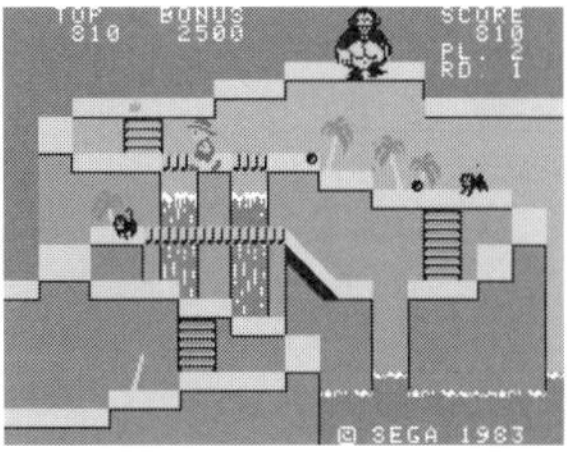

『コンゴボンゴ』

※15　昔の映画館は2本立て興行も多かったので、ロビーの脇には休憩時間の合間にお茶を飲んだり煙草を吸ったりできる休憩スペースがあった。そしてそこには大概何台かのテーブル筐体が置かれていた。

※16　セガ販売のゲームではあったが、ゲームそのものの権

メ『超時空要塞マクロス』のゲームソフトを買ってしまった。

ファミコンやSG‐1000は友人の家で遊んだ。友人の家で見たSG‐1000は、アルカディアと比較してもそれほど見劣りはしなかった。ゲームは『コンゴボンゴ』と『チャンピオンベースボール』があった。人気的にも定番の2本だったようだ。

縦型のコントローラーを片手で背面からホールドしつつ、親指と人差し指で左右の位置にあるボタンを押す。移動に使うジョイスティックはコントローラーのセンターから伸びていて、もう片方の手で、すりこぎのようにくるくる回すように操作する。これはアルカディアも同じ操作である。

ゲームセンターで遊んでいるジョイスティックとはまったく別物だったが、これが当時の家庭用ジョイスティックのスタンダードだったので慣れるしかなかった。実際にこのコントローラーで『コンゴボンゴ』を遊んでみると、ボタンのレスポンスも操作性もいまひとつで、プレイヤーはよく行きたい方向と全然違う向きに動いてしまい、まっすぐ歩くだけの道で谷から落ちて、「ファイア」で助け損なった要救助者のように天に昇っていた。

そして僕は内心で「うん。アルカディアのほうがおもしろいな」と思っていた。


利は開発会社にあったため、アルカディア版のリリースにはセガは関与していない。タイトル名がアーケード版と異なるのもそのためだと思われる。

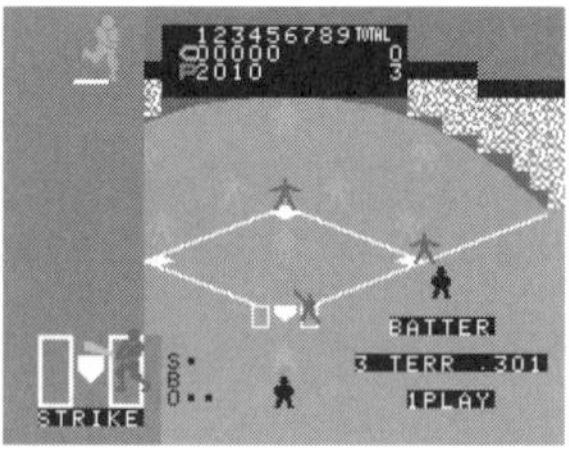

『チャンピオンベースボール』

第 1 章 ｜ 1983年～

SG-1000

日本のゲーム史に大きな影響を与えた「コレコビジョン」

まもなく小学6年生になる僕を含む、日本中の子供たちが電子ゲームに夢中になっていた1982年の3月。それまでアーケードゲーム専門のメーカーであったセガは、同じビデオゲームでもまったくの異業種である家庭用ゲーム機への参入を発表した。

しかしそれは、誰もが知っているセガ初めての家庭用ゲーム機「SG-1000」のことではない。このニュースは「コレコビジョン」の日本国内での独占販売についてだった。

コレコビジョンのことを知っている方は日本にどのくらいいるだろうか？　コレコビジョンは1982年8月にコレコ社によってアメリカで発売された家庭用ゲーム機で、人気アーケードゲームの移植版が多数遊べることを最大の売りとしていた。セガはこのゲーム機について、現地で発売する5カ月も前に日本発売を発表していたのだ。

ここでコレコビジョンが生まれるまでのアメリカ市場について、順を追って語っておこう。

日本の家庭用ゲーム機のブームは1983年の任天堂「ファミリーコンピュータ」の発売から本格的に始まるわけだが、アメリカではそれ以前に始まっていた。最初に成功した家庭用ゲーム機は「アタリ2600」で、ファミコンよりもずっと早い1977年の発売だった。ただし人気に火が付いたのは1980年ごろで、遅咲きのヒットだった。

これは日本と同様に『スペースインベーダー』などのアーケードゲームがアメリカでも大ヒットした際に、アタリがそれらのゲームの移植版を家庭でも遊べるかたちで発売したことがきっかけだった。インベーダーブームがアタリ2600をよみがえらせたわけだ。

全盛期のアタリ2600の販売台数はなんと1500万台を超えたということだ。1980年にはマテル社の「インテレビジョン」というライバル機も参入し、アメリカの家庭用ゲーム市場は大いに盛り上がった。ただしアタリ2600もインテレビジョンも1970年代に開発されたハードウェアだったので、最新のアーケードゲームと比べるとグラフィック性能はまったく非力なものだった。電子ゲームよりはずっとましなものの、決してオリジナルに忠実な再現ができていたとは言えなかったのだ。そこに現れたのがコレコビジョンだった。

アタリ2600やインテレビジョンよりもさらに高性能なゲーム機を出して、もっとアーケード版そっくりのゲームが遊べるようにすればいい、というのが後発

であるコレコビジョンのコンセプトだ。[※1]

コレコはさまざまなアーケードゲーム開発メーカーにライセンス協力を打診し、多くのアーケードタイトルの移植版を発売した。その中にはもちろん日本のメーカーも多数含まれていた。

目玉は任天堂の『ドンキーコング』だ。大ヒットしたアーケード版の移植作だが、その再現度が特にすばらしかった。先行していたアタリ２６００やインテレビジョンでも本作は移植されていたが、コレコビジョン版はほかと比べてもアーケード版にかなり忠実で、キャラクターも効果音もアーケード版そっくり。ハードの性能差がはっきりわかるものだったのだ。コレコはあえて本体にこの『ドンキーコング』のソフトを同梱し、２００ドルを切る値段で１９８２年の夏に発売。大成功を収めた。

『ドンキーコング』で大ヒットといえば日本ではまずファミコンを思い出すところだが、ファミコンが発売される1年前に、アメリカではすでに『ドンキーコング』の移植版がファミコン以外のゲーム機で販売されていたのも日本人にとっては驚くことかもしれない。

コレコはそのほかコナミやタイトー、データイースト、ユニバーサルなど当時の人気アーケードゲームメーカーのライセンスを取得し、移植ゲームを発売していた。セガもそのうちの1社で、アメリカでヒットしたアーケードゲーム『ザクソン』な

※1
アタリもコレコビジョンの後発で「アタリ5200」という2600の後継機となるハードを出すが、発売時期も悪くほとんど売れないまま終わった。

どの独占的な移植の権利をコレコに提供した。さらにセガはそれだけで終わらず、コレコビジョンを日本で販売する権利を得たのだ。

ところがセガは、こんな魅力的なハードの販売権を手に入れたにも関わらず、結局この発表を最後に、コレコビジョンについて触れることはなかった。当然発売もされていない。理由は不明なのだが、日本での1982年初頭当時のトレンドは家庭用ゲーム機よりもホビーパソコンだと考えられており、家庭用ゲーム機の販売に不安があったのか[※2]、もしかすると目玉である『ドンキーコング』など他社のライセンスタイトルを日本向けに発売できなかったといった理由であきらめたのかもしれない。それでも、セガが家庭用ゲーム機業界に初めて積極的な関心を示したのは、このコレコビジョンがきっかけだった。

こうして、アメリカでのライバル機だったアタリ2600（日本版「アタリ2800」を含む）やインテレビジョンとは異なり、コレコビジョンだけは最後まで日本では発売されなかった[※3]。

そのため日本での知名度は非常に低いものの、実はこのコレコビジョンこそ、翌年登場するファミリーコンピュータとSG-1000に、つまり日本のゲーム史に大きな影響を与えたマシンなのだ。

※2
コレコビジョンもパソコンへの拡張機能は計画されていたが、後年の発売だった。コレコビジョンの敗因はこの拡張に失敗したからだとも言われている。

※3
おそらくセガへの独占販売権はそのまま残っていたため、どこからも発売できなかったのだと思われる。

急遽発売されることになったSG-1000

1983年にファミリーコンピュータを発売することになる任天堂は、アーケードで『ドンキーコング』や『マリオブラザーズ』というヒット作があったものの、もともとは花札やトランプを販売している、昔からの玩具会社だ。ファミコン以前にも「カラーテレビゲーム15」や「ブロック崩し」などの家庭用ゲーム機の開発、発売実績もあり、当時は一大ブームを巻き起こしていた「ゲーム&ウオッチ」を主力商品としていた。

一方でこの当時のセガは、コレコビジョンの販売こそ発表したものの、本来はゲームセンターなどに向けた業務用機器の専門開発・販売会社で、おもちゃを含めた家庭用の商品の開発も発売もまったくしたことがなかった。

そんなセガが家庭用ゲーム機の輸入販売どころか、商品開発までも自分たちで行おうと考えたきっかけは1982年、任天堂にいた駒井徳造氏がセガへ転職してきたことだった。任天堂のアーケード部門を統括し、『ドンキーコング』のヒットを見守った駒井氏は、任天堂のアーケード部門が縮小、閉鎖されるのを見越してセガに移ってきたのだった。しかし彼が最初に提案した商品企画はアーケードではなく、当時国内外で話題になりつつあった、家庭用の安価なパーソナルコンピューター

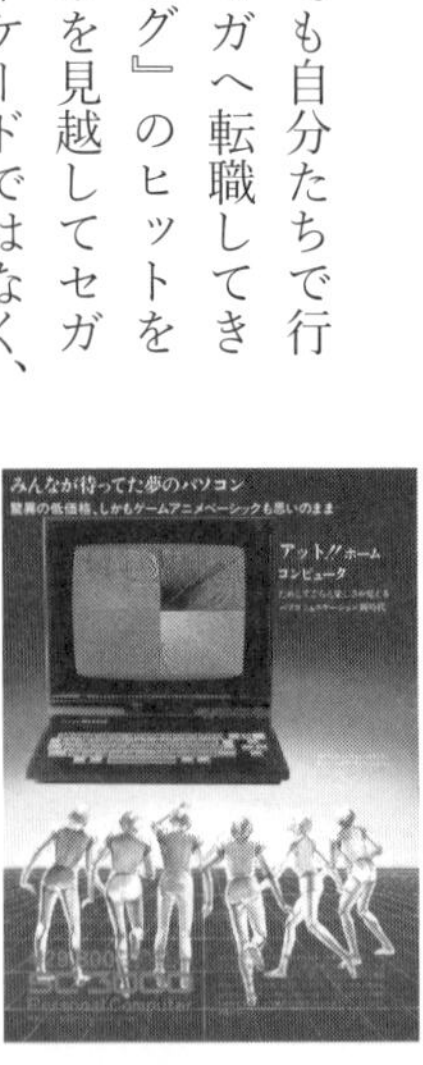

SC-3000のパンフレット

SC-3000

「ホビーパソコン」の開発だった。そこで生まれたのが「SC-3000」だ。

　駒井氏指示のもと、のちにセガの社長にもなる佐藤秀樹氏の手で開発の始まったSC-3000だが、当時のセガは家庭用ハードの製造ノウハウを持っていなかったので、フォスター電機へ開発協力を依頼する。フォスター電機は安価な汎用部品をコスト優先でまとめ、6万円くらいが相場だったホビーパソコンの価格を大幅に下回る、半額の約3万円で勝負できるパソコンを完成させた。

　また、当時の玩具会社の発売したホビーパソコンの売りは、カートリッジ形式で簡単にゲームをプレイできるというものだったので、SC-3000もこれを一番の特徴にした。元々ゲームメーカーであるセガには豊富なアーケードゲームのライブラリがあり、それらをできるかぎりたくさん移植すればラインナップは充実する。

　パソコンとして使うためのコンピューター言語は、当時最も一般的なBASICを選び、これらもカートリッジとして提供した。また当時のホビーパソコンは子供が遊びながら学べることを購入動機にしてもらおうと宣伝していたので、算数、英語、日本史、世界史から化学、物理など、小学4年生から中学生くらいまでの学習用ソフトも用意した。

　ハードウェアが完成すると、多くのスタッフを集めて一番の売りである専用ゲー

SC-3000発表会（1983年5月）

ムソフトの開発を行う。『ドンキーコング』の舞台がジャングルになったようなアクションゲーム『コンゴボンゴ』[※4]、元祖野球ゲームと言われた『チャンピオンベースボール』などアーケードの人気タイトルが急ピッチで次々と移植された。

スタッフは社内だけでは足りず、一部は外注に委託することにした。そこで大きな貢献を果たしたのが、のちに『ぷよぷよ』で一世を風靡するコンパイルだ。

コンパイルの創業者である仁井谷正充氏は単身セガから移植仕事を引き受けると、腕利きのプログラマーを集めた。彼らは、セガからプログラムデータの提供などほとんどサポートもされないまま、本物のアーケードゲームを見ながら『ボーダーライン』や『N－SUB』、『トランキライザーガン』[※5]といったセガの新旧ゲームを移植していった。コンパイルという会社ができて初めての仕事がこの移植作業だった。コンパイルは20年後に消滅するまでの間、長くセガに貢献した。

さらにはコレコビジョンと同様に、アーケードで付き合いのあった[※6]ジャレコやアイレム、ナムコなどのゲームメーカーにも協力を打診し、SC－3000向けにゲームを移植してもらったり、人気タイトルのライセンスを提供してもらったりした。『エクセリオン』や『ジッピーレース』『セガ・ギャラガ』などのソフトが用意された。

そんな感じでだいたいの商品構成もまとまってきたというところで、大ニュース

※4
アーケード版のタイトルは『ティップタップ』で、『コンゴボンゴ』は海外でアーケード版に付けたタイトルだった。オリジナル版の開発は『ドンキーコング』を任天堂と開発した池上通信機と共同で行った。

※5
移植版のタイトルは『サファリハンティング』。

※6
セガは当時日本全国に多数のゲームセンター、ゲームコーナーを持っていたので、セガ以外のゲームを置くために多くのゲームメーカーと親しい付き合いがあった。

が舞い込む。駒井氏の古巣である任天堂が、ホビーパソコンではなく家庭用ゲーム機を同時期に発売するという情報だった。もちろんファミリーコンピュータのことである。

実は任天堂もセガと同時期に、発売前のコレコビジョンの高性能なハードウェアを見て衝撃を受けていた。そしてコレコビジョンを研究し、それ以上の性能を持つ自社ハードを開発したのだ。※7

とにかくセガはそれを脅威ととらえた。ゲーム&ウオッチが大ヒットした任天堂の新型ゲーム機が出るとなると、必ず大きな話題になるだろう。きっとその価格はホビーパソコンよりもはるかに安いはずだ。そのときにセガは3万円のパソコンで勝負できるだろうか？

そこで、セガはあわてて完成していたSC-3000を見直し、パソコン機能＝キーボードを取り除き、代わりに専用コントローラーを1個付けて、家庭用ゲーム機としても販売するというアイデアをひねり出した。ソフトはSC-3000用に開発していたものをそのまま使えるようにして、価格もSC-3000の定価2万9800円の約半分である1万5000円にする。これはもちろん任天堂のファミリーコンピュータの価格（1万4800円※8）に対抗したものだ。SG-1000の誕生である。SC-3000と同性能にできるよう、キーボードも別売りで販売した。

※7 任天堂は、セガよりも前にコレコビジョンと輸入販売についても交渉していたようだ。

SG-1000

※8 任天堂は発表直前まで価格を1万5000円で予定していたが、最終的に200円下げたという。

この発想は、かつて任天堂が「カラーテレビゲーム6」と「15」を発売する際に、1万円以上する「15」を売るためにあえて性能を落とした「6」を9800円で併売し、ライバル会社を価格で牽制しつつ、結果的に高いほうの「15」をヒットさせたことと似ていた。

SC-3000/SG-1000の発売日がファミコンと同じ7月15日になったのも、どちらが合わせたのかは不明だが、もちろん偶然ではないはずだ。

それでもセガにとっては、あくまでSC-3000がメインだった。

実際、発売直前の日経産業新聞（7月13日付）には「欧州から引き合い殺到　当初生産50%増やす」という見出しで、SC-3000の初年度生産台数を30万台に引き上げるというニュースが載っている。

たしかにSC-3000は欧州で日本と同時期に発売され、オーストラリア、ニュージーランド圏では人気があったらしい。今もファンがいるほどだ（オーストラリアはイギリス連邦加盟国のため、流通は欧州と繋がっている）。

しかし発売後、セガにとって実際にインパクトがあったのは、SG-1000のほうだった。

東京おもちゃショー（1983年6月）

ファミコンに次ぐ2番手のポジションを獲得

この1983年にはセガと任天堂のほかにもトミーの「ぴゅう太Jr.」、バンダイの「アルカディア」、エポック社の「カセットビジョンJr.」、学研の「TVボーイ」、カシオの「PV-1000」、アタリ2800など多数の家庭用ゲーム機がリリースされたのだが、最も注目を浴びたのは、みなさんの知るとおり任天堂のファミリーコンピュータである。

ビジュアル、音楽、処理能力やコントローラーなどのハード面で見ても、同時発売の『ドンキーコング』のゲームとしてのおもしろさ、再現度、完成度の高さで見ても、ファミリーコンピュータが他社に圧勝した。

前年にアメリカでコレコビジョンが他機種よりも高性能で忠実な移植を行って成功した方法とまったく同じかたちで、任天堂は同じ『ドンキーコング』を使ってファミコンでコレコの成功を再現してみせたのだ。[※9]

そして意外にも、それ以外のたくさんの新型ゲーム機の中で2番手につけたのが、セガのSG-1000だった。

ゲームの見た目ではファミコンには及ばないものの、年内に20本以上の新作ゲームを用意（ファミコンは年内にたった9本のみだった）。また、ファミコン以外のライ

※9
ファミコン版の『ドンキーコング』はコレコビジョン版よりも再現度が高い。ちなみにファミコン版、コレコビジョン版のどちらもアーケード版『ドンキーコング』にあった50m＝2面がカットされている。

バル機の中では高性能で、何よりファミコンに追従して、ほかのライバル機より5000円安く設定した価格がうまくいった。家庭用では新興メーカーだったセガが、ここでうまく成功を収めたのだった。

またセガにとっては任天堂がスタートで大きなミスをしたことも幸いした。実はファミコンは発売直後、LSIの不具合が原因で回収問題が発生していたのだ。そのため1年間で最も多くおもちゃが売れる年末商戦に、肝心のファミコンは早々に完売してしまっていた。

年末にかけていくらファミコンに人気が集まっても、そのファミコンはどこへ行っても売り切れだった。その結果何が起こったかというと、同じ価格帯のSG－1000がファミコンの代わりに飛ぶように売れたのだった。その数16万台。もちろんソフトも売れる。

この16万台という数は、今となっては決して大きな数には見えないが、これまで1台100万円の機械を100台単位で売っていたセガにとっては、予想をはるかに超えるすごい金鉱を掘り当てたと感じられるものだった。

こうして、この1983年の年末商戦を成功させたことで、セガはその後20年近くに渡る自社製家庭用ゲーム機の戦いをスタートさせる原動力を得たのだった。

一方、ファミコンは初回で45万台を出荷。回収騒ぎも年明けには持ち直し、

1984年の夏までの1年間で123万台を販売している。家庭用に新規参戦したセガとは比較にならない数を出荷していたため、発売当初からライバルには圧勝していたのだった。

ちなみに、援護射撃になったかどうかはともかくとして、1983年の年末には早くもセガには互換機「オセロマルチビジョン」も登場した。

ベストセラーとなった人気ボードゲーム「オセロ」を擁する著名な玩具メーカー、ツクダオリジナル社から発売された本機は、その名のとおり、テレビに繋いで1人でオセロゲームを楽しむことができるゲーム機だ。本体にはジョイスティックとオセロ専用の座標キーボード、それにカートリッジスロットが付いていた。

海外ライセンスのアーケードゲーム『Qバート』などの移植作を含む、多数のゲームソフトも同時発売され、その上SG-1000のゲームソフトがそのまま動作。豊富なソフトは相互で互換性を持っていた。

実はオセロマルチビジョンのハードウェア性能はSG-1000そのままで、ハードの設計自身もセガによるものだった。その後「SG-1000Ⅱ」「セガ・マークⅢ」「メガドライブ」を設計する石川雅美氏の、家庭用ゲーム機開発デビュー作でもある。

あえてハードウェアを自社開発せず、家庭用ゲーム互換機として参入したツクダオリジナルの判断はおもしろい試みだった。しかし、SG－1000にオセロゲームソフト1本分を加えたようなものにもかかわらず、本体価格を1万9800円と設定したせいで、SG－1000との差別化が悪いほうへ出てしまった。その後も本体のカラー違いバージョンなども発売するが、最後まで大きな存在感を示すことはなかった。※10

家庭用ハード事業を本格化

翌1984年になり、セガは力強いパートナーを得る。前年社長に昇進した中山隼雄氏の尽力で、大川功会長率いるシステムエンジニアリング会社のCSK（当時の正式名はコンピューターサービス株式会社）がセガに資本参加し、セガはCSKの子会社になったのだ。大川会長はセガへの理解を示し、ビジネスはセガの自由にさせることを約束した。セガはこれまでアメリカの映画会社、パラマウント社の傘下にあった外資系の会社だったのだが、このときから日系の会社となった。

家庭用ハード事業はCSKの傘下に入って本格化した。任天堂との大きな差はあっても、当初の想定をはるかに超えた驚くべき成功をつかんでいたセガは、急造品だった本体のデザインを変更し、コントローラーもファミコンにならってパッド型を2つ同梱させたリニューアルモデル、SG－1000Ⅱを1984年7月に発

※10
セガの互換機はオセロマルチビジョンのほかにも、パイオニアから発売されたハイファイ・コンポテレビ「SEED」にカートリッジを挿せるようにする別売りコンポパックが発売されていた。

※11
「Game Developers Choice Awards 2011」において、日本人ゲーム開発者では史上2人目となる「パイオニア賞」を受賞するなど、数多くの受賞歴がある。

※12
「Game Developers Choice Awards 2019」において、日本人ゲーム開発者では史上3人目、女性としては史上初となる「パイオニア賞」を受賞。2022年逝去。

売する。

初年度の成功がセガをどこまでも勇気づけた。1984年からは新入社員をよりいっそう採用し、社内の技術スタッフもSG-1000IIのソフト開発に回して体制を強化。アーケードゲームの移植ではない、オリジナルタイトルの開発にも注力した。

そのうちの1つが、『チャンピオンボクシング』だ。のちに『スペースハリアー』や『バーチャファイター』を開発する鈴木裕氏※11のデビュー作だが、これのグラフィックに参加した小玉理恵子氏はこの年の1984年入社組で、その後『ファンタシースター』など数多くの作品を手掛けることになる。※12

同じく『ソニック・ザ・ヘッジホッグ』を生んだ中裕司氏も1984年に入社し、同年『ガールズガーデン』をリリースした。翌年発売される『どきどきペンギンランド』を作った小口久雄氏も1984年に入社している。小口氏はその後『スーパーモナコGP』や『ダービーオーナーズクラブ』を生み出し、2004年にセガの社長にもなった。

彼らのような、のちのセガを牽引するスタッフたちも、もし

『ガールズガーデン』

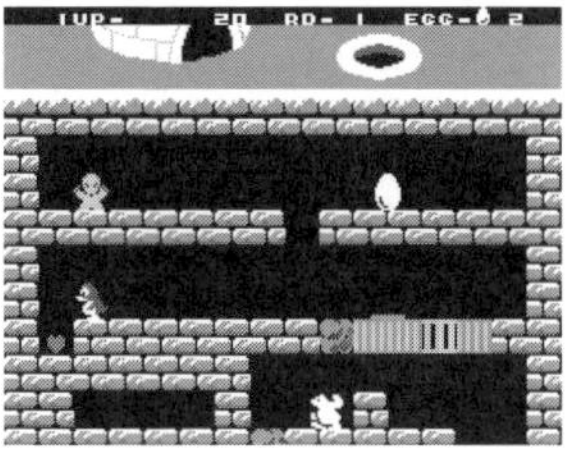

『どきどきペンギンランド』

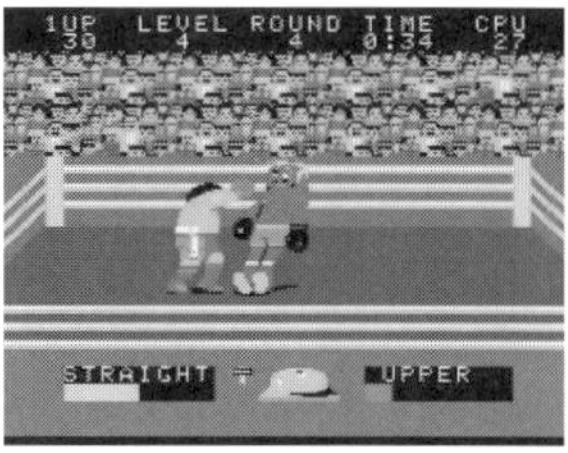

『チャンピオンボクシング』

SG－1000が1983年に成功を収めていなければ入社することはなかったかもしれない。

一方ファミリーコンピュータは、1984年の初頭から本格的に供給されるようになり、圧倒的な人気となった。

ファミコンはまず2月に追加周辺機器として光線銃と専用ソフト『ワイルドガンマン』を発売。光線銃というのは任天堂がかつて発売した玩具をTVゲーム内で新たに再現したものだったが、家庭用テレビへのまったく新しいアプローチで子供の心をつかんだ。

7月には日本の家庭用ゲーム機で初めて、サードパーティー[※13]からのソフト供給が始まった。ハドソンの『ロードランナー』と『ナッツ&ミルク』だ。任天堂のゲーム機で動作する任天堂以外の会社から発売されるゲームソフトというのは、パソコンや海外のゲーム機を知っていれば容易に理解できることだが、当時の日本では驚きをもって迎えられた。9月になり、2社目の参入メーカーとなるナムコ[※14]から『ギャラクシアン』が発売されると、いよいよ「任天堂以外の会社がファミコンでゲームを発売する!」という驚きで、ファミリーコンピュータの人気はハネ上がるばかりであった。ファミリーコンピュータは発売翌年の1984年末には合計で約211万台という販売台数を叩き出したということだ。

※13
対象ハードに対してソフトや周辺機器を販売する、そのハードの開発・発売ではないメーカーのこと。サードパーティーに対して、ハードを出しているメーカーのことはファーストパーティーと呼ぶ。また、ファーストパーティーから発売されるゲームのうち、ファーストパーティー内製ではない外部の開発会社をセカンドパーティーと呼ぶことがあるが、この定義は定まっておらず、ゲーム業界以外では「利用者」など別の意味で使われることがある。

　また、エポック社から新たなライバル機「スーパーカセットビジョン」も登場した。ＳＧ－１０００Ⅱと同じ7月発売で、価格は１万４８００円。ファミコンと同じである。

　カセットビジョンでファミコン以前の日本の家庭用ゲーム機の王者だったエポック社の新型機は、１年後発ということもあって性能面では一部ファミコンを上回る部分もあるものの、総合性能としてはファミコンには及ばなかった。

　ともかくここから数年間、日本の家庭用ゲーム機は、任天堂、セガ、エポック社の３社の戦いとなり、この３社以外のゲーム機は撤退した。

　そんな状況で発売されたＳＧ－１０００Ⅱだが、さすがに見た目だけの変更では話題性にも限界があったのか、販売台数はセガの予想を下回った。

　それでもＳＧ－１０００用のゲームソフトは、翌年発売となる次世代機「セガ・マークⅢ」の登場する１９８５年以降も供給が続き、１９８７年までリリースされた。晩年には『ロレッタの肖像』という大容量１メガカートリッジソフトまでリリースされている。

　ファミコンはその後発売2年で４００万台に届こうかという普及台数となるが、その時期をライバルとして戦ったＳＧ－１０００シリーズは合計70万台ほどが出荷されていたという。ライバルと比較すれば大差とはいえ、当時としては十分な存

※14
ナムコはファミコン以前に家庭用ゲーム市場として、ホビーパソコンである「MSX」に1984年1月から参入、カートリッジ方式のゲームソフトを順次供給していた。SG-1000の『セガ・ギャラガ』はナムコ自身による開発であるが、発売はセガが行っている。

『ロレッタの肖像』

在感を示すことができた。

逆に、当初の主力になるはずだったホビーパソコンSC－3000の動きは最後まで鈍かった。これには1983年末に、ホビーパソコン「MSX」が登場した影響もあったのではないかと思われる。

MSXは、Windowsをリリースする前のマイクロソフトが鳴り物入りで発表したパソコンの世界共通規格で、それを主導していたのは家電メーカー最大手の松下電器だった。MSX構想に賛同した松下は、ビデオ録画機の「VHS対β」のような規格違いによる市場の混乱を避けるのだという名目で、MSXでホビーパソコンを統一すべく、パソコン市場に興味を持っていたライバル会社たちにも参入を呼びかけたのである。

これに賛同したのが東芝、三菱、日立、三洋、日本ビクター、ヤマハ、そしてソニーなどなど名だたる家電メーカーだった。各社が一斉にMSX規格のホビーパソコンを発売したことで大きな話題になった。

実はMSXは性能的にはSC－3000とほとんど変わらないものだったが、各メーカーの宣伝などもあって、群雄割拠した日本の低価格ホビーパソコン市場はMSXが掌握するようになった。

ちなみに先行して日本国内でのPCのシェアを確保していたNECやシャープは

参加せず、一旦は参加した富士通もすぐに自社独自のマシンへと戻った。

MSXはその後、カシオが他社のものよりも約半額も安い低価格機を発売して[※15]、価格の均衡が崩れたことに起因するハード市場崩壊や、次世代機の仕様について各社の思惑が合わないなどの混乱を経て市場から消えていくが、90年代前半までの約10年もの間、多くのホビーパソコンが目指していたパソコン入門機としてのトップシェアの地位を守り続けた。

この頃の僕の話はというと、夏休みに祖母からもらったおこづかいで、1984年8月、バンダイのアルカディアから任天堂のファミコンへと乗り換えた。横浜のヨドバシカメラでは本体と同時にソフト3本セットで買うとお買い得というので、『マリオブラザーズ』『ポパイ』『ベースボール』を選んだ。値段は1万8200円だった。当時本体だけでも9800円で購入できたが奮発した。

決め手はその年の6月に発売された周辺機器「ファミリーベーシック」の存在だった。僕はMSXやSC-3000ではなく、あえてファミコンを自分の初めてのパソコンとして選んだのだ[※16]。

再び向かったヨドバシでファミリーベーシックを買ったときの価格は1万5000円。父に「パソコンの勉強をしたい！」と言ってねだった記憶がある。

居間のテレビに繋いで、サンプルプログラムを打ち込み、自分の手でマリオを動

※15
カシオPV-7。他社のMSXがどれも5万円を越えていた時期に、2万9800円で発売した。RAM容量が他社のMSXの半分しかなかったため、動かないソフトもあった。

※16
一番の理由は、ファミリーベーシックで作られたゲームの画面が、ファミコンの市販のゲームソフト並みにきれいだったからだ。購入してから、実は表示されるキャラクターは、あらかじめ収録されているマリオなどの限られた絵から選んで表示させることしかできないことを知る。

かしたときはちょっとうれしかった。12月にはゲームソフトの『ゼビウス』と一緒に、専用データレコーダー、ハドソンのファミリーベーシック用プログラムデータ集『少年メディア』も購入した。

僕はしばらくの間ファミリーベーシックでコンピューターの勉強を続けた。1985年の7月に創刊する『ファミリーコンピュータMagazine』に載っていたプログラムを打ち込んだ記憶もあるので、1年以上はやっていたと思うが、そのうち飽きてゲームプレイ専門になってしまった。

あそこでもう少しがんばって親との約束を守りファミリーベーシックでパソコンの勉強を続けていれば、もしかしたら（当時ファミリーベーシックでプログラムの勉強をしたという）ソラの桜井政博さんみたいなゲームデザイナーになれたのかもしれないが、残念ながらそうはならなかった。

セガハードが我が家に来るのは、もう少し先のことであった。

第 2 章 ｜ 1985年〜

セガ・マークⅢ

ファミコンに参入？

「SG－1000」の成功を受け、外観やコントローラー周りを改善した「SG－1000Ⅱ」を1年後に出すも不振に終わったセガ。一方SG－1000と同じ日に発売された任天堂の「ファミリーコンピュータ」は、ハドソンとナムコという2社のサードパーティーも参入していっそう大きなムーブメントとなっていく。セガは次の一手を考えていた。

道は2つあった。

1つは、外観だけでない性能をアップさせた新型ゲーム機を市場に投入することだ。開発はすでに進めており、改めてすべての設計をセガ自身で行っていた。このときベースにしたのは、1983年以来主軸となっているアーケード用システム基板の「システム1」※1と、その改良版「システム2」だ。

システム基板とは、アーケードゲームを動かしている本体である「基板」の基本設計を同じものにすることで、ソフトのICチップの交換だけでゲームを替えられる基板のことを言う。一度この基板をお店に導入すれば、ゲームのROM部分のみを購入することが可能になり、新しいゲームへ入れ替える際、高価な基板をまるご

SG-1000Ⅱ

※1
セガは、アメリカで買収したゲーム開発会社であるグレムリン社から、システム基板の技術を学んだ。セガ自身で開発した初めてのシステム基板が「システム1」だが、システム基板の仕組み自体はそれ以前のゲームでも使われていた。

と買わずに済むという販売方法である。

つまり仕組みとしては家庭用ゲーム機でソフトを交換するのと同じだ。お店は安価にゲームを交換できるし、メーカーとしてもゲーム開発のたびに基板の設計をしなくて済むので、双方にとってお得な手段と言える。システム１対応ゲームは開発中のものを含めてすでに10本以上あった。新型機ではこの基板をほぼそのまま家庭用向けでも使えるようにしたのである。

ＣＰＵにはアーケード基板で最もポピュラーな8ビットＣＰＵ「Ｚ80」を採用。これ自体はＳＧ－１０００と同じだが、ファミコンと比べて特に劣っていたグラフィック性能を大きく改善し、より鮮やかでたくさんのキャラクターを画面に表示させることができるようにした。

このことにより、元々の売りとしていた「アーケードゲームをそのまま家で楽しめる」という部分について、かなりオリジナルに近付いたゲーム開発が実現できるはずだ。これで再度、任天堂に挑戦するのだ。

そしてもう1つの道は、失敗した場合のリスクが大きい自社ハード開発を中止し、ソフトウェアメーカーとなって、ハドソンやナムコのようにファミコンに参入することである。１９８４年の年末商戦でのファミコンの成功と前後し、上記２社のあとを追って、コナミ、タイトー、ジャレコ、アイレム、エニックス、デービーソフトなど、有名なアーケードやパソコンのゲームメーカーが相次いでファミコンに参入したのがこの頃だった。

セガは社内のスタッフにSG-1000用タイトルをためしに3本ほど、ファミコン向けに移植させてみた。もちろん任天堂からライセンスは取っておらず、ハドソンやナムコと同様、リバースエンジニアリング[※2]による開発である。

セガにはすでにSG-1000向けとして用意した多くのタイトルがあり、いくつかヒット作もあったから、そのまま移植するだけでもある程度は人気が出るはずである。さらにはこれまでもこれからもアーケードゲームはリリースされ続けるため、ファミコン市場でも有力ソフトメーカーの一角を担えるに違いない。

実はソフトメーカーについての話題は、「SC-3000」を開発しているときにもあった。当時マイクロソフトの副社長であった西和彦氏からである。セガからSC-3000と「MSX」との協業を持ちかけたところ、西氏からは、セガはSC-3000を売るよりもMSXでソフトメーカーになったほうがいいと逆にアドバイスされたのだ。ただしセガにとって、MSXにソフトメーカーとして参入するメリットはまったくなかったので、MSXの話はそれきりで終わっていた。

新型ハードを投入するか、それともファミコンのソフトメーカーになるか、この

※2
他社が開発した既存の製品を入手・分解し、仕様や動作確認をして、技術情報を明らかにすること。

2択（あるいは両方?）についてはご存じのとおり、セガは前者の、あえてライバルとして戦う道を選んだ。もしここで別の選択をしていたら、その後のセガハードは誕生せず、今とはまったく違うゲーム業界があったことだろう。もしかするとセガという会社自体、すでになくなっていたかもしれない。

ファミコンの性能を上回る「セガ・マークⅢ」

セガ3代目の家庭用ゲーム機となる「セガ・マークⅢ」は、SG-1000から約2年後、SG-1000Ⅱから約1年後の1985年10月に発売された。

ファミコンを凌駕するグラフィックは中間色が鮮やかに表現されており、画面を見比べれば一目瞭然。同時発売には、アーケード版が5月にリリースされたばかりのシステム1対応アクションゲーム『テディボーイ・ブルース』で、グラフィックはオリジナルと遜色ないレベルで再現されていた。そのほかSG-1000でヒットした野球やサッカーなどのスポーツゲームもグレードアップ版を新たに用意した。また、2年間で数十本発売されていたSG-1000のソフトともすべて上位互換性を持っていて、マークⅢでもそのままプレイすることが可能だった。

そしてこの『テディボーイ・ブルース』とともに本体同時発売となったもう1本の目玉ソフトが『ハングオン』だ。

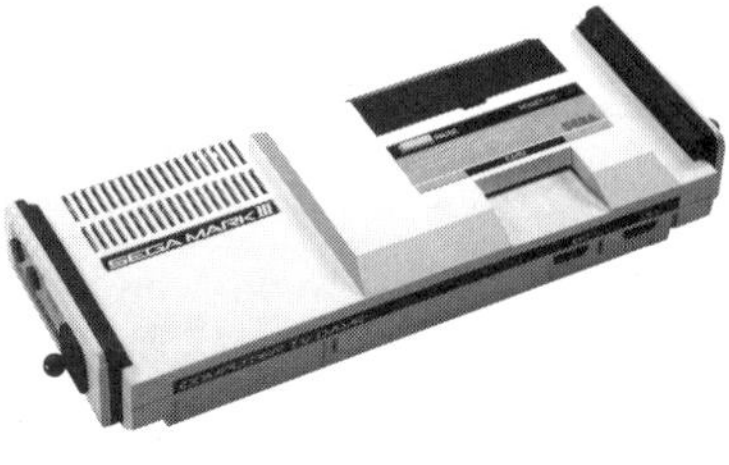

セガ・マークⅢ

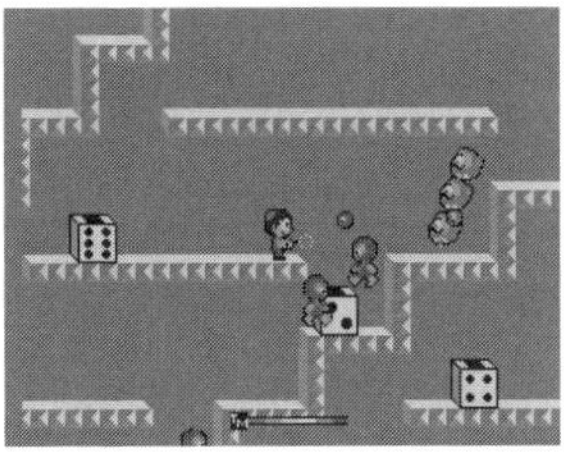
『テディボーイ・ブルース』

本作は同年の7月に発売されたばかりのアーケードゲームで、大型バイクを模した筐体が異彩を放つ作品だが、その後「セガ体感ゲーム」として長く続いていく大型筐体シリーズの最初のヒット作だ。今回のマークⅢにおいても特にこの『ハングオン』が家で遊べるようになることが大きな売りだったが、セガには1つ計算違いがあった。『ハングオン』が、これまでのアーケードゲームの常識を打ち破るハイスペックなゲームであったことだ。

マークⅢのベースになったセガのアーケード基板・システム1・2は、Z80という8ビットCPUだというのは前に説明したとおりだ。ところがこの『ハングオン』は、「MC68000」という一世代上の16ビットCPUをなんと2つも使った、1985年当時としてはありえないほどの超高性能ハードウェアだった。

そしてセガのアーケード基板では初めて「FM音源」というヤマハのシンセサイザーで使われる最新の音源チップも搭載していて、厚みのある音楽が奏でられていた。一方、マークⅢはSG-1000から変わらないDCSG（PSG）という、きわめてシンプルな音源チップだった。音の深みもまったく違う。

いうなれば同じ新型マシンであっても、スクーターと750ccの大型バイクのような違いである。この性能差は、さすがにマークⅢという最新機種であっても乗り越えることはできない。本体と同時発売された専用の「バイクハンドル」コントローラーを購入しても、マークⅢ版『ハングオン』はアーケードのダイナミックな

アミューズメントマシンショー（1985年10月）

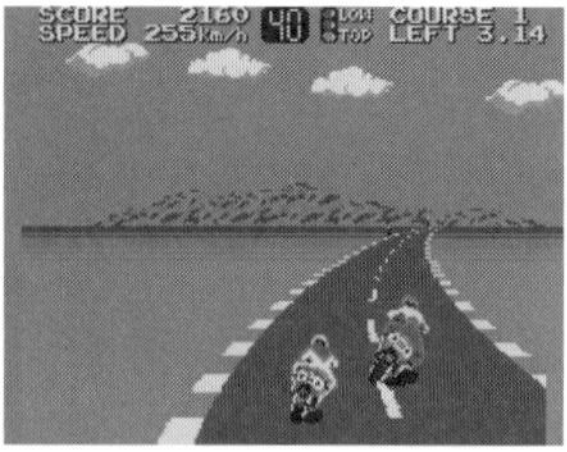

セガ・マークⅢ版の『ハングオン』

表現、派手な演出をほとんど再現、体験できなかった。

そしてセガにはもう1つ不運も重なった。このマークIIIと同時期にファミコンで登場したのが、あの伝説のゲーム『スーパーマリオブラザーズ』だったのだ。マークIIIの発売1カ月前、1985年9月に発売された『スーパーマリオ』は、任天堂の持つすべての力を注ぎ込み、時間をかけて開発された、ファミコンソフトの決定版であった。

本作は、当初最後のカートリッジソフトにするつもりだったとも言われている。というのも、セガがマークIIIを開発していたのと同じ頃、任天堂も新ハードとしてファミリーコンピュータのパワーアップユニット「ディスクシステム」を準備していたのだ。翌1986年の2月に発売されるこの周辺機器に、任天堂は大きな期待を寄せていた。ディスクシステムが発売された暁には、ソフトはこれまでのカートリッジではなく、ディスクへ移行していくだろうとすら思っていたのだ。

任天堂にとってディスクシステムは、市場のニーズに合わせた画期的なハードだった。ゲームソフトの大容量化に対応しつつ、ICチップを使わないためソフトの価格をこれまでの約半額程度に抑えることができた。さらにRPGなどでデータのセーブもできるようになり、ディスクの書き換えサービスを利用すれば、低価格（500円）でソフトを手に入れることもできるなど、いいことずくめだった。

唯一の問題は、この付属ユニットのみで本体と同価格の1万5000円もすることだった。ユーザーは本体のほかに、さらにこのハードを購入しなくてはならない。ファミコンはこのときすでに400万台も売れていたが、任天堂はここがファミコンの人気のピークであると考え、ここからはこの400万台を母数としてさらなる発展を望もうとしたのかもしれない。

ところが、ほかならぬカートリッジ最後の大作になるはずだった『スーパーマリオブラザーズ』がこの計画を狂わせた。ファミリーコンピュータの人気をさらにもう一つ上の次元に上げてしまったのだ。

『スーパーマリオ』の成功により、ファミコンの販売台数はさらに伸び続け、1985年の年末年始で600万台を突破。2年後の1987年夏には1000万台を超えることになる。ファミコンは任天堂の予想を上回り、さらなる品不足を引き起こすまでとなった。

またファミコンには他社の参入メーカー＝サードパーティーの発売するソフトにも魅力的なゲームがそろいつつあった。『スーパーマリオ』登場以降、約半年の期間に発売されたファミコンの有名タイトルをここでざっと挙げてみよう。ハドソンの『チャレンジャー』『ボンバーマン』に『忍者ハットリくん』、ジャレコの『シティコネクション』、バンダイの『キン肉マン　マッスルタッグマッチ』『オバケの

Q太郎　ワンワンパニック』、サン電子の『いっき』『アトランチスの謎』、アイレムの『スペランカー』、ナムコの『スターラスター』、コナミの『ツインビー』に『グーニーズ』、タイトーの『ジャイロダイン』『影の伝説』、エニックスの『ポートピア連続殺人事件』、そして『ドラゴンクエスト』……40年近く経っても未だ語り草になる初期の名作ソフトがこの頃続けて発売されている。これらのうち多くのソフトが100万本以上発売されたという記録が残っているので、それだけでファミコンが当時の子供たちの話題を集めていただろうということがわかる。

メガカートリッジで巻き返しを図る

話を戻すと、セガ・マークIIIはファミコン以上の高性能ハードで、セガの大きな期待を背負って登場した。アーケードの最新ゲーム『ハングオン』と『テディボーイ・ブルース』を同時発売し、その後も半年強の間に10本以上とハイペースにゲームをリリースした。

しかしファミコンは、『スーパーマリオブラザーズ』というキラーソフトを筆頭に、層の厚い強力なラインナップが発売され続け、その上ディスクシステムという新製品も登場した。

このいっそう大きな盛り上がりを見せるファミコンブームの中で、セガハードの存在感は、先のSG－1000以上に目立たなくなってしまったのだ。

それでも勝負を捨てなかったセガに、1986年6月になって、ようやくチャンスが生まれる。「メガカートリッジ」の時代がやってきたのだ。

メガカートリッジとは、いわゆる1Mビット以上の大容量ゲームのことを指す。これまでのファミコン、マークⅢのソフトの約4倍のデータを持つメガカートリッジは、より多くのプログラムが使えるようになり、キャラクターやステージ、ギミックを多数表現できるようになったのだ。

最初に発売された対応ゲームは、ファミリーコンピュータ向けに発売された、カプコンの『魔界村』だった。本作は前年9月にリリースされたアーケードのヒット作の移植で、すべての要素を1Mビットの大容量で再現しており、アーケードをさらに超える大ヒットを飛ばした。そしてセガは、このファミコン版『魔界村』発売と同じ週に『ファンタジーゾーン』を発売した。

セガのメガカートリッジ用オリジナルブランド「ゴールドカートリッジ」第1弾『ファンタジーゾーン』は、1986年春に登場した新型アーケード基板「システム16A」対応シューティングゲームの移植作だ。システム16Aは、その名のとおり16ビット化の高性能基板で、ビジュアルもサウンドも大きな進化を遂げており、対応タイトルの『ファンタジーゾーン』や『メジャーリーグ』は、ゲームセンターで

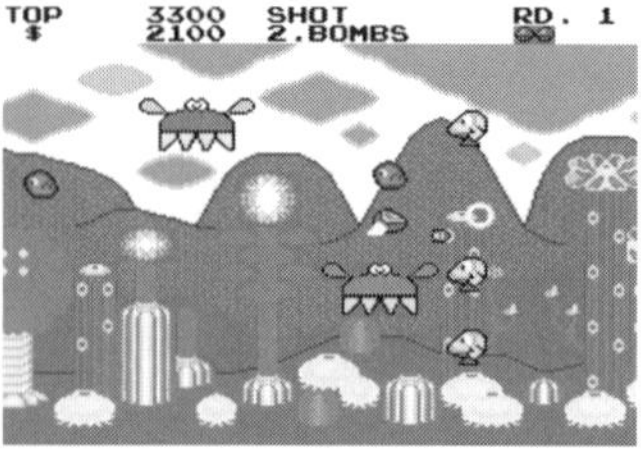

『ファンタジーゾーン』

はすでにヒット作となっていた。マークIII版の『ファンタジーゾーン』は、『ハングオン』と同様、ハードの性能差により、まったく同じとは言えないものの、美しいパステルカラーのグラフィックや個性的なゲームシステム、豊富な武器など特徴的な要素はそのまま再現されていた。メガカートリッジの恩恵である。

また、バイクに乗るというアトラクション的な要素の強かった『ハングオン』と異なり、８つのステージを多彩な武器で攻略していくシューティングゲームの『ファンタジーゾーン』は家庭用にもおもしろさが再現しやすく、内容も当時の家庭用ゲームの潮流に乗っていた。

その後もマークIIIからは『ファンタジーゾーン』に続き、７月に人気アニメをゲーム化した『北斗の拳』、11月にはポスト『スーパーマリオ』として作られたアクションゲーム『アレックスキッドのミラクルワールド』などが発売された。

セガはこの１９８６年の夏以降ほぼすべてのソフトをメガカートリッジで開発し、巻き返しを図る。ファミコンブームでどんどん膨らんでいくゲーム人口の増加は、セガにとってもチャンスだったからだ。

こうしたカートリッジソフトの大容量化と、ソフトが多数供給できることになった理由には、１９８６年になって、ＩＣチップの価格が落ち着いたことがある。大容量化が可能になった上に商品価格の高騰も避けられたことにより、カートリッジ

『アレックスキッドのミラクルワールド』

の時代はさらに発展することになった。

　メガカートリッジにより好転した発売２年目のマークⅢは、12月の年末商戦に話題作『スペースハリアー』を２Ｍビットカートリッジでリリースする。『スペースハリアー』は１９８５年12月に登場した『ハングオン』に続く大型筐体のゲームで、ゲームセンターでは超特大ヒット作だった。ハード性能は『ハングオン』をさらにパワーアップしたものだったので、移植は『ハングオン』以上に困難を極めるものだったはずだが、これを非力なマークⅢで、雰囲気と迫力を重視した移植を実現し、ファンから喝采を浴びる。今度こそマークⅢが本当に「アーケードの人気作が遊べる」ゲーム機になったのだ。ちなみにこの無茶な移植を実現してしまったのが、やはりあの中裕司氏である。

　氏は１９８４年に入社後、ＳＧ-１０００の開発部署に配属され、前述の『ガールズガーデン』以降も数多くのソフトを開発した。特にその才能の頭角を現したと言われるのが、『北斗の拳』や『スペースハリアー』といったメガカートリッジ向けタイトルであった。

　また『アレックスキッドのミラクルワールド』は、『スーパーマリオブラザーズ』のヒット以降、ファミコンでも山ほど出たマリオフォロワーの１本だったが、鮮や

『スペースハリアー』

かなグラフィックやRPGを思わせる買い物システムによるアイテム・パワーアップ、テキストを添えたストーリー演出など、『スーパーマリオ』にもない新たな個性があり、マークIIIユーザーに高く評価された。

本作を開発した林田浩太郎氏は1983年入社。その後開発リーダーとしてセガ初のオリジナルRPG『ファンタシースター』を立ち上げるなど、初期のCS開発で活躍した。現在は自ら立ち上げた会社リベル・エンタテインメントで『アイ★チュウ』などスマートフォン向けゲームの企画・運営を行い、今も業界の第一線で活躍している。

スタートで苦戦したマークIIIの売り上げと人気は、メガカートリッジの登場以降、少しずつ上向き始めた。セガの攻勢がここから始まる。

その一方でマークIIIの直後に発売されたファミコンのディスクシステムも、最終的に400万台以上を売った大ヒット製品になった。しかしディスクのデータ容量はメガカートリッジを下回るものだったことや、追加周辺機器を購入するハードルの高さ、ソフトメーカーの利益の得られる少なさなどの問題もあった。結局任天堂の予想を越えて巨大化するファミコン市場の成長の中では、ディスクシステムの将来性は中途半端なものとなり、歴史の中で消えていった。[※3]

※3
ディスクシステムは容量問題以外にも、書き換えサービスを各地の店頭に用意する必要があるなど、日本以外の地域では運営が難しいこともあってか、日本のみでの展開となった。そのためディスクシステム用に発売されたソフトは、海外ではカートリッジで発売された。

同様にセガも、ディスクシステムより少し前の1985年から、ソフトを「マイカード」というスタイリッシュな名刺サイズのデザインで発売しており、マークⅢのソフト供給も当初はマイカードのみで行っていた。サイズはのちのPCエンジンの「Huカード」とまったく同じで、将来的にはディスクシステムと同様の書き換えサービスも計画していたほどだった。しかし、小型化を目指した「マイカード」はソフトの大容量化には対応できない技術だったため、登場からわずか1年後にはセガはメガカートリッジとしてカートリッジ型のソフト供給を再開。マイカードでのソフト供給はその後1987年まで続いたが、ディスクシステムと同じく時代のあだ花となった。

第2.5章 ｜ 1980年代〜

ゲーム雑誌

ゲーム専門誌『Beep』

「ファミリーコンピュータ」がまたたく間に市場を席巻していく中、大きく差を開けられていたとはいえ二番手として生き残り続けたセガ。ひっそりとではあったもののその存在感を維持できたのは、なにもファミコンが売り切れているときに親が間違って買ってきてしまったせいばかりではない。そこには、セガびいきのゲーム雑誌『Beep』の貢献があったからだと言われている。ここでは番外編として、これら黎明期のゲーム雑誌についても少し触れておこう。

アップルが初めて制作したコンピューターである「Apple I」が誕生した1976年、日本でも独自のプログラムを掲載する日本初のパソコン誌として『I/O』(日本マイクロコンピュータ連盟)が誕生。その分家としてアスキーの『月刊アスキー』、そして電波新聞社から『月刊マイコン』などが立て続けに創刊される。80年代に入って家庭へのパソコンの普及に合わせ、1982年に電波新聞社が『マイコンBASICマガジン』、アスキーは『ログイン』、また徳間書店は『テクノポリス』を創刊し、各誌競ってパソコンの最新情報とともに読者投稿のゲームプログラムを掲載。さらに日本ソフトバンクは『Oh!PC』『Oh!MZ』※1など

※1 『Oh!PC』『Oh!MZ』(のちの『Oh!X』)は1982年創刊。また『Oh!FM』が1983年に創刊。この3誌が最も有名。ほかにもエプソンの「HC-20」用『Oh!HC』、MSX向けの『Oh!HiTBiT』など、多数の雑誌が機種別で存在した。

当時の大手メーカー別に分けた専門誌を続けて創刊する。

市販のゲームが増えるにつれゲーム紹介の需要が増え、『ログイン』は1983年の月刊化に合わせゲーム情報の専門誌になっていく。『テクノポリス』もその路線を追随し、『マイコンBASICマガジン』は『スーパーソフトマガジン』というゲーム紹介&攻略記事を別冊付録にするようになる。さらに新たなゲームを中心としたパソコン雑誌として角川書店の『コンプティーク』、小学館の『ポプコム』、『I/O』を発行していた工学社の『P.iO』などが創刊され、パソコン誌だけでなくホビー誌などとの差別化を模索しながら「ゲーム雑誌」というジャンルが形成されていった。

また1983年末には「MSX」の発売に合わせ、主導していたアスキー自身によって『MSXマガジン』も創刊された。

そこに「Oh!」シリーズの日本ソフトバンクが創刊したのが『Beep』だ。創刊は前述の雑誌群よりも少し遅れた1984年12月のことだった。

『Beep』は後発となった分、ほかの雑誌とは違う独自の方向性を模索した。まずこれまでのパソコン誌といえば、どこの本も左開きの平綴じ・無線綴じだったものが、中綴じの右開きという『プレイボーイ』などの週刊誌と同様のライトなつくりになっていた（例外として『MSXマガジン』は創刊から1年のみ中綴じ右開きだったが、その後は平綴じの左開きになっていた）。[※2] カラーページも多く、価格も360円と他誌

※2
実は『Beep』よりも先に創刊していた同様の装丁のゲーム雑誌として、アミューズメントライフ社の『アミューズメントライフ』がある。こちらは1983年1月創刊の月刊誌なので、『Beep』よりも2年早い。PC雑誌主体のほかの雑誌と違い、アーケード業界で初めての一般誌という位置づけとして誕生したが、電子ゲームや家庭用ゲーム機、パソコンソフトや映画情報などホビー全般についても広く扱った。『Beep』創刊直前の1984年9月・21号をもって休刊。誌面のつくりは『Beep』よりも1986年創刊の新声社『ゲーメスト』に近い。

よりも値ごろ感があった。

元々パソコンソフトの流通大手であった日本ソフトバンクの発行ということで、内容はパソコンゲームの紹介をメインとしつつ、東京ディズニーランド特集をトップに持ってきたり、アーケードゲームの紹介記事にもページを大きく割いたりするなど、後発として既存の雑誌との違いを模索していた。その差別化の企画の中には「家庭用ゲーム機を大きく紹介する」というものもあって、発売から2年目に突入し、ブームが始まろうとしていたファミコン（とSG-1000Ⅱ、スーパーカセットビジョン）について、他誌よりもかなり大きくページを割いた。

このときまだファミコン雑誌は生まれていなかったし、『コロコロコミック』もゲーム紹介ページは限られていた。そのときに『Beep』の値ごろ感は、TVゲームの情報を得たい子供のニーズに合致した。ファミコン特集は反響を呼び、『Beep』は号を追うごとにファミコンの紹介記事が増えていった。[※3]

ファミコン専門誌と攻略本ブーム

『Beep』のさらに後発で誕生したのが1985年7月発売の『ファミリーコンピュータMagazine』（徳間書店）、通称『ファミマガ』だ。

月刊誌、中綴じ右開き、発売日は『Beep』ほかパソコンゲーム誌の多くが発

※3
『Beep』以外のホビーパソコン誌も同様で、角川書店の『コンプティーク』（1985年7／8月号、5月発売）に掲載したファミコン版『ゼビウス』の隠しコマンドのスクープ記事は大きな反響があり、雑誌でありながら増刷がかかったほどの人気となった。その後、集英社の『週刊少年ジャンプ』までがあとを追ってこの情報を掲載した。

売される毎月8日、装丁はすべて『Ｂｅｅｐ』のフォーマットにそのまま合わせつつ、価格は350円と『Ｂｅｅｐ』よりも10円安い。かなり『Ｂｅｅｐ』を意識して作られていた。ただし内容はファミコンを遊んでいる層に合わせ、小学生でも読めるように漢字は総ルビ、ファミコンのゲームをモチーフにした低年齢向けの漫画も載せていた。

この「ファミコンの専門誌」という目の付け所が実によかった上に創刊タイミングも幸運だった。1985年7月は、あの『スーパーマリオブラザーズ』の発売わずか2カ月前というタイミングだ。『スーパーマリオ』発売直後の10月8日売りの11月号（第4号）では、増ページして全ステージのマップを掲載したところ大成功。いきなり80万部の一番人気雑誌に躍り出た（ピーク時には120万部の記録もあるという）。

『ファミマガ』が創刊した1985年は、ファミコン版『ドルアーガの塔』（ナムコ）の発売（8月）に合わせ、アスキーの『ログイン』編集部が攻略本『ドルアーガの塔のすべてがわかる本』を発行し、すでにベストセラーとなっていた。

ファミマガ編集部は、今度はこのアスキーの攻略本の体裁をそのまま参考にしつつ、11月号の誌面に載せた『スーパーマリオ』の攻略記事を改良し、雑誌を出した半月後にあらためて攻略本としても発売した。このすばやい対応が大成功を収める。『スーパーマリオブラザーズ 完全攻略本』は、10月下旬に発売されながら、その年の全書籍の年間ベストセラー1位になってしまったのだ。ファミコンの成功とともに『スーパーマリオ』も売れるので攻略本は翌年も売れ続け、なんと2年連続で年間ベストセラー1位に輝いた。発行部数は累計で120万部と言われている。

さらに言うと、『ファミマガ』の創刊よりも早く、『裏ワザ大全集』という冊子シリーズ※4を春から出版していた二見書房からも『スーパーマリオ』の攻略本は発売されており、こちらも1985年のベストセラー10位、1986年の3位にランクインしている※5。

1986年はこのほかに徳間書店の『ツインビー』が9位、『スペランカー』が14位、『ポートピア連続殺人事件』が20位、『魔界村』が21位と、25位以内に5冊の攻略本がランクインしている※6。過去『スペースインベーダー』や玩具の「ルービックキューブ」の攻略本が発売されて話題にはなったものの、今に続くTVゲーム攻略本の歴史はこの1985年から1986年の大流行がスタートと言える。

ファミコンの成功と、この『スーパーマリオ』の両攻略本の成功で、ほかの出版社もあわてて『ファミマガ』のあとを追った。マガジンボックスのゲーム総合誌『ゲームボーイ』※7のみ1985年12月創刊だが、その後1986年は3月に英知出版から『ハイスコア』、JICC出版局から『月刊ファミコン必勝本』、4月に角川書店から『(勝)ファミコン』、新声社から『ゲーメスト』、そして6月にアスキーから『ファミコン通信』と、その後も長く続くファミコン誌（『ゲーメスト』のみはアーケー

※4
薄いミニ冊子を5冊、書籍風の紙ケースでひとまとめにしてセット売りしていたもので、1冊の本を買うだけでたくさんの本が手に入ったかのような仕様が子供に人気だった。二見書房はこのような特殊な装丁を70年代に『ウルトラマンブック』などで先んじて行っており、得意としていた。

※5
1985年のベストセラー10　1位：スーパーマリオブラザーズ　完全攻略本（ファミリーコンピュータMagazine編集部編、徳間書店）／2位：アイアコッカ（リー・アイアコッカ、ダイヤモンド社）／3位：科学万博つくば'85公式ガイドブック（国際科学技術博覧会協会編、講談社）／4位：プロ野球

ドゲーム雑誌）がここで出そろった。

さらにほかの出版社から単発の特集雑誌が出たり、一部の雑誌は月2回発売だったりと、書店にはゲーム雑誌コーナー花盛りとなるが、いくらファミコンが数を増やしても、これだけたくさんの雑誌が増えると読者の奪い合いになってしまう。元祖ファミコン誌である『ファミマガ』は1位を保持しつつも攻略本ブームは一旦沈静化し、各雑誌の攻略記事に取って代わられていく。

セガに寄り添い続ける『Beep』

再び『Beep』に話を戻す。せっかく家庭用ゲーム機に目を付けたまではよかったのだが、ファミコンの専門誌がこれだけ出てしまったため、存在感は圧倒的に弱まってしまった。そんなタイミングで発売されたのが「セガ・マークⅢ」のメガカートリッジだったのだ。

『Beep』は、アーケード版『スペースハリアー』の特集記事に続き、アーケード版『ファンタジーゾーン』も大紹介。続けて他誌では扱いの少なかったセガ・マークⅢ版『ファンタジーゾーン』のゲーム情報を大きく取り上げたところ、これに大きな反響があった。『Beep』は1986年中盤以降、少しずつセガ特集のページを増やしていった。とはいえファミコンが1000万台突破などと言ってい

殺られても書かずにいられない（板東英二、青春出版社）／5位：わが家の確定申告法（野末陳平、青春出版社）／6位：首都消失（上・下）（小松左京、徳間書店）／7位：豊臣秀長（上・下）（堺屋太一、PHP研究所）／8位：ダーティペアの大逆転（高千穂 遥、早川書房）／9位：ああ人間山脈（松山善三、潮出版社）／10位：スーパーマリオブラザーズ 裏ワザ大全集（フタミ企画編、二見書房） 出典：日本著者販促センター

※6
1986年のベストセラー10
1位：スーパーマリオブラザーズ 完全攻略本（ファミリーコンピュータMagazine編集部編、徳間書店）2位：自分を生かす相性殺す相性（細木数子、祥伝社）3位：スーパーマリオ

るときに、セガはＳＧ－１０００まで全部足しても１００万台に届かない状況だ。決して厚い読者層ではない。

世間では、ファミコンに続き、「ＰＣエンジン」にも専門誌が生まれていく中、ほかの雑誌では存在すら希薄になっていたセガ・マークⅢ、その後のセガハードである「マスターシステム」や「メガドライブ」も応援し続け、あたかもファミコンと互角のライバルであるかのように紹介し続けた『Ｂｅｅｐ』は、いつしかセガの情報に飢えているファンの拠りどころとなった。

実はマガジンボックス社の『ゲームボーイ』もマークⅢなどセガのソフトを大きく取り扱っていて、マークⅢ版『スペースハリアー』発売の際には表紙にするほどだったが、『ファミマガ』と同様に対象年齢が低めだったためか読者は『Ｂｅｅｐ』よりさらに限られ、『Ｂｅｅｐ』ほどの存在感は残していない。

そんな『Ｂｅｅｐ』だったが、やはりセガファンだけでは雑誌を維持するだけの読者数には十分とはならなかった。ファミコンが一世を風靡し、ＰＣエンジンが「ＣＤ－ＲＯＭ^2」を発売し、セガが5代目のハードであるメガドライブを発売し、いよいよ3強が出そろって間もない１９８９年、『Ｂｅｅｐ』は56号をもって休刊してしまった。

それでも、この3年の間、一貫してセガ・マークⅢ／マスターシステムを「ファミコンよりも人を選ぶがすばらしいマシン」とファンを開拓していった結果、その

ブラザーズ裏ワザ大全集（フタミ企画編、二見書房）4位：化身（上・下）（渡辺淳一、集英社）5位：日本はこう変わる（長谷川慶太郎、徳間書店）6位：知価革命（堺屋太一、PHP研究所）7位：うつみ宮土理のカチンカチン体操（うつみ宮土理、扶桑社）8位：運命を読む六星占術入門（細木数子、ごま書房）9位：ツインビー完全攻略本（ファミリーコンピュータMagazine編集部編、徳間書店）10位：大殺界の乗りきり方（細木数子、祥伝社）出典：日本著者販促センター

※7
「ゲームボーイ」という名称はその後、任天堂の携帯ゲーム機の名としても使われたが、雑誌名のほうがもちろん先である。

後、初のセガハード専門誌、『BEEP！メガドライブ』（BEメガ）を創刊させる機会を得る。それが次世代機『セガサターンマガジン』で開花、セガ専門誌で唯一の週刊化を果たすなど大躍進を遂げ、セガのハードを見守り続けた。

その後『ドリームキャストマガジン』と誌名を変え、最後のセガハードである「ドリームキャスト」がなくなったあとは、今度は『ドリマガ』という名のゲーム総合誌になって、それでも自社ハードを失ったあとのセガの情報を追い続けた。最終的にソフトバンクグループ自体が出版ビジネスを縮小することとし、雑誌の発行自体を止めた2012年、とうとう『ドリマガ』は最終号を迎えた。通巻は498号。最後まで一貫してセガ応援雑誌であった。

80年代に創刊したゲーム雑誌で2023年現在も続いているのは『ファミ通』と『コンプティーク』[※8]くらいだが、ほとんどの雑誌は『ドリマガ』以前に休刊しており、気がつけば非常に長い歴史を持つ雑誌になっていた。

なお『Beep』の歴史はここで閉じられているが、その後2021年には、元BEメガほかの編集スタッフによるnote形式のWeb雑誌『Beep21』がスタートした。休刊から9年、セガを追う編集者の魂は今も生きている。

さてさて、そんなゲーム雑誌の歴史の中で、僕も当時『Beep』と出会ったのがきっかけで、その後セガに入社することになった一人だ。

※8　2023年現在の『コンプティーク』はコミック誌となっており、創刊当時の80年代の誌面の面影はまったく残っていない。通巻は2019年に500号を超えた。

僕が最初に『Ｂｅｅｐ』を発見したのは１９８５年1月発売の2号だったが、このときは立ち読みだけでスルーしており、実際に買ったのはファミコン版『ゼビウス』特集の載った3号だった。

巻頭記事「テレホビーゲーム大作戦[※9]」ではファミコンの『エキサイトバイク』が6ページ、『ゼビウス』が4ページ、ファミコンの『ベースボール』と「スーパーカセットビジョン」の『スーパーベースボール』の紹介が3ページだった。このときのファミコン全タイトルが29タイトル、セガのＳＧ‐１０００は30タイトル、ＳＧ‐１０００互換機のオセロマルチビジョンが8タイトル、スーパーカセットビジョンが10タイトルだった。

そして運命のセガ・マークⅢの『ファンタジーゾーン』の特集記事が載ったのが１９８６年7月8日発売の8月号。続く翌8月8日に発売した9月号での『北斗の拳』のファミコン版とマークⅢ版との比較記事で決定的となり、翌週8月14日には横浜のヨドバシカメラに駆け込んでいる。本体とセットで購入したのは『ファンタジーゾーン』『北斗の拳』、そして『テディボーイ・ブルース』だった。我が家にセガが鎮座した記念日だ。

もし『Ｂｅｅｐ』がセガを応援していなければ、僕はセガ・マークⅢを買うこともなく、セガハードに熱中することもなく、セガに入社することもなかったかもしれない。『Ｂｅｅｐ』に感謝している。

※9
「テレホビー」とは『Ｂｅｅｐ』誌面での家庭用ＴＶゲームの呼び名。

第 3 章 | 1986年〜

マスターシステム

1986年、「セガ・マークⅢ」を海外へ

話は少し戻って1985年の秋。日本ではセガが「セガ・マークⅢ」を発売し、ファミコンで初代『スーパーマリオブラザーズ』が発売された頃、アメリカでは「Nintendo Entertainment System」、通称NESが発売された。ファミコンの海外向けバージョンである。日本から2年遅れでの発売であったが、任天堂にとっては苦労の末に実現した待望の海外発売だった。

日本でファミコンや「SG-1000」が発売された1983年に、アメリカではアタリショックが発生し、ビデオゲーム（TVゲーム）業界全体が壊滅的なダメージを負っていた。

世界で最も巨大な市場を持ち成長を続けてきたアメリカのTVゲーム業界はこのとき一気に力を失い、多くのメーカーが倒産、あるいは撤退した。煽りを食ってゲームセンターも大量に閉店に追い込まれたという。そのため1983年以降、アメリカ市場では、ビデオゲームは一過性のブームであり、もはや復活の見込みはないとまで言われていた。

当時1500万台以上販売されていたという王者「アタリ2600」も、2番手

の「コレコビジョン」や「インテレビジョン」も、ソフト市場価格の暴落でほとんど息の根が止まってしまっていたのだ。

それでも任天堂はアメリカでの成功を信じていた。家庭用のTVゲームとして販売するのがダメならと、ホームコンピューター市場向けに（「ファミリーベーシック」とはまったく異なるスタイリッシュなデザインの）キーボード付きのホビーパソコン風セットをショーに出展してみたり、アーケード向けにファミコンのゲームをゲームセンターへリリースして（VSシステム）、市場をうかがったりしていた。

最終的に任天堂が選択したのは「おもちゃ」としての販売だった。任天堂はまずSF映画に登場しそうな、ユニークなデザインのロボット人形「R.O.B.」を開発。テレビ画面から出る光信号を使ってR.O.B.を動かすソフトを制作した。さらに、光線銃と本体をセットにして販売した。

R.O.B.は日本でも「ファミリーコンピュータ　ロボット」という名で1985年に先行発売されていたもののほとんど話題にもならずに消えていったのだが、アメリカの子供たちはこのR.O.B.を気に入ったようで、NESと名を替えたファミコンは、アメリカで歓迎されることになる。※1

幸いだったのは、この試行錯誤に2年を費やしたおかげで、同時発売ソフトがあの『スーパーマリオブラザーズ』になったことだった。ビデオゲーム市場はもう終

※1
ただしR.O.B.人気はやはり一過性のものだったらしく、すぐにロボットの付いていない廉価版セットのほうが市場のメインとなった。アメリカではこのロボットを使ったNESの販売方法を「トロイの木馬」と呼んだらしい。

わったというアナリストの予想に反し、ＮＥＳはアメリカで大ヒットした。

こうしたアメリカでの任天堂の成功を見守っていたセガも当然、指をくわえて見ているだけではなかった。さっそく日本で発売したばかりのセガ・マークⅢの海外展開を進める。前機種のＳＧ－１０００および「ＳＣ－３０００」は、当時アメリカの親会社が家庭用ゲーム機参入に否定的だったことなどによりアメリカでは発売されず、期待されていた欧州でも先述のアタリショックによるゲーム不振のあおりで、話題は局所的なものに終わっていた。

ファミコンが海外向けにデザインを変更しＮＥＳとして成功したのを受け、セガも欧米向けにはデザインを変えることにした。白を基調としたマークⅢから一新、正反対に黒を基調にした、これまでの機種とは異なる大人びた雰囲気を持った本体が生まれた。※2

名前もファミコンの海外名「Nintendo Entertainment System」（ニンテンドー・エンターテイメントシステム）に対抗して、「SEGA Video Game System」（セガ・ビデオゲームシステム）とした。ＮＥＳの北米発売からほぼ1年遅れの１９８６年のことだ。

セガの周辺機器にはロボットはなかったが、ＮＥＳの光線銃専用ゲーム『ダックハント』が日本での評価をはるかに上回る人気だったため、セガでも海外向けとして

※2
黒いセガハードは、その後もメガドライブ／Ｇｅｎｅｓｉｓ、ゲームギアと続き、セガのゲーム機のカラーとして定着した。セガサターンも欧米向けは黒色だったが、ドリームキャストは全世界で白いカラーとなった。その途端ライバル機のプレイステーション2が黒色で登場するのは皮肉だ。

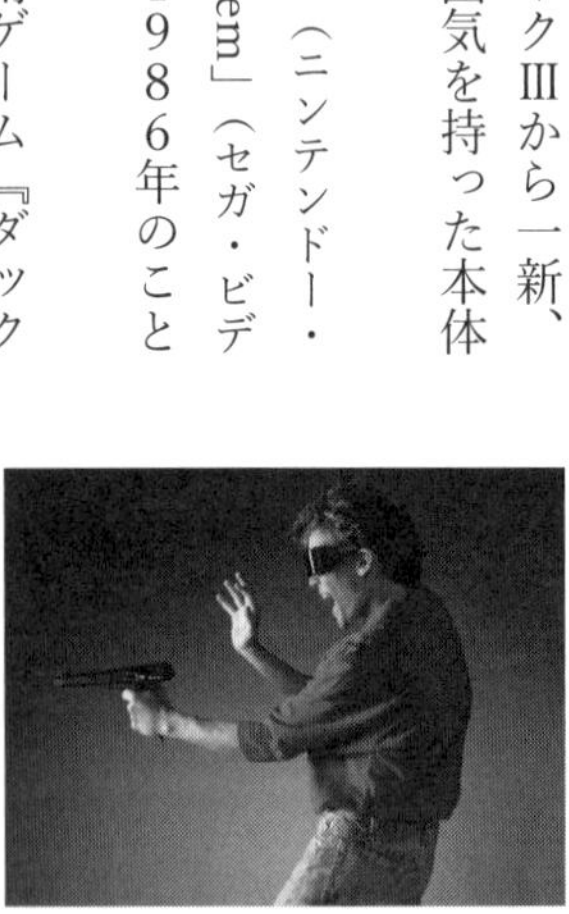
マスターシステムの周辺機器、光線銃と3－Dグラス

光線銃と、対応ゲームの『サファリハント』を開発した（が、『ダックハント』のようなブームは起きなかった）。

また、液晶シャッター方式の3Dメガネ「3－Dグラス」を開発、『ミサイルディフェンス3－D』や『ザクソン3D』など、立体映像のゲームを多数リリースした。※3

このようなさまざまな周辺機器を同梱した全部入りセットと、本体のみの商品をそれぞれ販売するスタイルは、任天堂のNESにならったものだ。

「SEGA Video Game System」では、すべての機器の中心になるゲーム機本体のことを「SEGA Base System」と呼称していたが、その本体のボディーには「Master System/Power Base」という文字がプリントされていた。

NESがそうだったように、これら周辺機器を使ったゲームはセガ側でも思ったほど成功しなかった。周辺機器を同梱しない、本体のみでの販売に力を入れるようになった頃には、本体にプリントされた「Master System（マスターシステム）」のほうが呼び名として浸透してしまったため、最終的に「SEGA Master System」（以下、「マスターシステム」）が商品名となった。

マスターシステムは北米で初めてセガが展開した家庭用ゲーム機となったが、先に人気が爆発していたNESにはまったく及ばず、大きな話題にはならなかった。

アタリショックで多大なダメージを受けた北米のゲームメーカーは、NESには

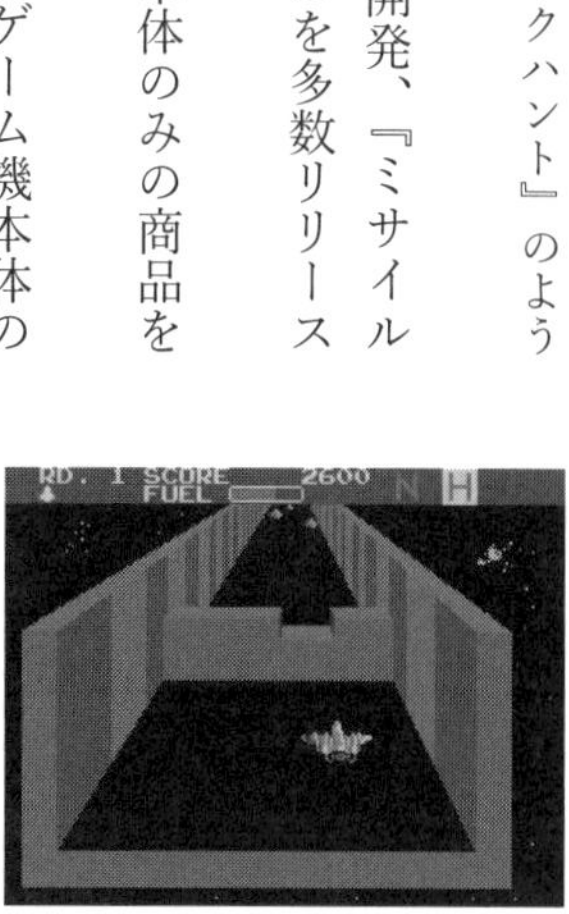

『ザクソン3D』

※3
3－Dグラスと一部の3Dゲームは日本でも発売された。また任天堂もセガと同時期に「ファミコン3Dシステム」として周辺機器とソフトを展開したが、任天堂は日本国外では発売していない。

次々とサードパーティーとして参入を果たしたが、日本のメーカーと同様マスターシステムを支援するメーカーはほとんどいなかった。

セガは北米でのマスターシステムの失敗を認め、翌１９８７年には現地のおもちゃメーカーのトンカ社に販売権を売却してしまった。トンカはその後、細々とマスターシステムの販売を続け、後年はセガが権利を取り戻して引き継いだりもしたものの、北米でのマスターシステムのシェアは拡大することはなかった。

それでも次の世代のハードである「SEGA Genesis」（以下ＧＥＮＥＳＩＳ。メガドライブの北米での名前）や携帯機「ゲームギア」が発売された90年代以降もマスターシステムの販売は続けられた。

ちなみにマスターシステムと同時期には、あのアタリが新型機「アタリ７８００」をリリースしていたが、この3年の間に親会社や経営者が次々と変わるなど、会社の弱体化が激しかった。宣伝もほとんどされずソフトの供給量もＮＥＳやマスターシステムを下回っていたため、アタリ７８００はほとんど存在感を見せないまま消えていった。

マスターシステムの本体発売バリエーション

欧州では家庭用ゲーム機のシェアNo.１を獲得

日本、北米の次は欧州市場である。日本に続き北米でも大成功を収めた任天堂のNESは、セガよりも先行して1986年から欧州展開を進めていた。しかし欧州は多くの国をまたぐ市場のため、EU創立前の時代は今よりもさらに販売の難しい地域だった。そのためNESの販売地域は局所的で、価格も高く宣伝も不十分だったのか、アメリカほど目立った成長は見られなかった。

一方セガは、イギリスのゲーム会社、マスタートロニック社に販売を委託。1年遅れて1987年に欧州で販売を開始した。マスタートロニックはPC向けの廉価ゲームソフトを発売するメーカーだったが多角化で失敗し、大手コングロマリットであるヴァージン傘下にあった。だが販売の腕はたしかだった。セガのこの判断がうまくいく。

欧州のゲームファンの間では、NESやマスターシステムといった家庭用ゲーム機の発売が遅かったこともあり、「コモドール64」や「ZX Spectrum」といった1982年に相次いで登場したホビーパソコンに人気があった。ZX Spectrumは、昔ながらのカセットテープを使ったソフトでゲームが発売されていたが、コモドール64は日本の「MSX」やSC－3000と同様にカートリッジ方式だったため、特にゲーム機としても重宝されていた。しかし日本のホビーパソコンがそうだったように、価格や性能では家庭用ゲーム機にはかなわない。※4

マスターシステムは、マスタートロニックの販売戦術とヴァージンの流通力によって欧州全土で展開。のちに任天堂ヨーロッパの所在地となる西ドイツを除き、マスターシステムをNES以上に普及させることができた。セガがライバルの任天堂に初めて勝利したのが、実はこの欧州市場でのマスターシステムだったのだ。

そしてこの勝利に大きく貢献したゲームが、あの『スーパーマリオ』フォロワーとして生まれた『アレックスキッドのミラクルワールド』であり、アーケードで人気を呼んだマリオタイプのアクションゲームの移植作『ワンダーボーイ』（日本版正式名『スーパーワンダーボーイ』）だった。『スーパーマリオ』に先行して拡散されたこれらのタイトルは、欧州のゲームファンから大きな反響があった。

マスターシステムに代わるセガの次世代機、メガドライブの欧州発売が開始された1990年になってからも、セガはマスターシステムの廉価機として「Master System II」を発売し市場を維持する。Master System IIは、『アレックスキッドのミラクルワールド』のソフトを本体にビルトインさせ、初めから遊べるようになっていて（数年後には『ソニック・ザ・ヘッジホッグ』に変更された）、極限まで製造コストを削減することで、あらゆる家庭への普及に努めた。マスターシステムは

※4
ただしコモドール64はその後も高い普及率を生かし価格を下げて善戦し、一説では最終的に1700万から2000万台以上のハードが販売されたとも言われている。もちろんホビーパソコンでは世界一の販売台数である。

Master System II

1990年まで欧州での家庭用ゲーム機のシェアNo．1を獲得し続けた。セガは1991年、このマスターシステムを大成功させ勝利を導いたマスタートロニックを買収し、セガ・ヨーロッパとした。

その後セガの主力ハードがメガドライブ（GENESIS）になったことや、任天堂が欧州の流通を見直し、NESに加え携帯ゲーム機のゲームボーイが普及し始めたことで、1991年以降は任天堂のシェアがマスターシステムを上回るようになっていった。とはいえ日米での苦戦を考えると、欧州でのマスターシステムは大健闘と言える。

その結果マスターシステムは、日本では店頭から姿を消して久しい90年代になってもソフト開発が続けられた。セガの顔となるあの『ソニック・ザ・ヘッジホッグ』をはじめ、『ベア・ナックル』や『ゴールデンアックス』『スーパーモナコGP』といったメガドライブのゲームも、すべてマスターシステム向けに移植される。さらにミッキーマウスやドナルドダックといったディズニーのキャラクタータイトル、『マイケル・ジャクソンズ　ムーンウォーカー』といった有名アーティストとのコラボゲームなども、日米ではメガドライブのゲームとしての印象が強いが、これらもほぼすべてマスターシステム向けにも開発されている。

また『ギャラクシーフォース』『シャドー・ダンサー』『ESWAT』など当時の最新アーケード・ヒットタイトルも、ハード性能の差をものともせず移植されて

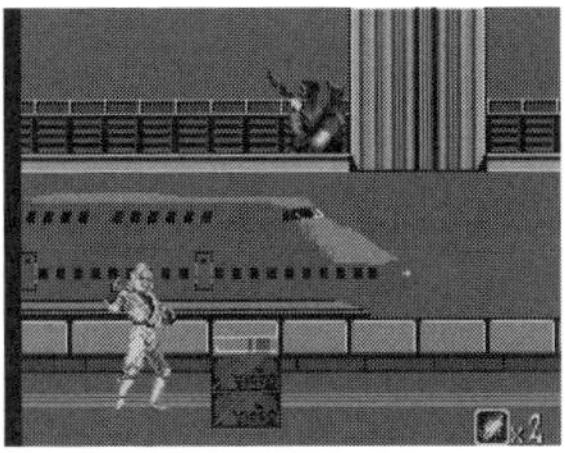

『シャドー・ダンサー』

いった。当時セガが世界的なアーケードゲームのヒットメーカーであったことも、マスターシステムの普及に貢献していた。

他機種からの移植ばかりではない。『ＳＨＩＮＯＢＩ忍』や『アレックスキッド』など、欧州でヒットしたタイトルは、欧州向けにオリジナルの続編が作られた。中でも『ゴールデンアックス』を使ったアクションＲＰＧ『Golden Axe Warrior』は高く評価された。さらには自社タイトルに限らず、テクモの『忍者龍剣伝』（ＮＩＮＪＡ ＧＡＩＤＥＮ）など他社の人気ゲームも、独自の新作をセガで開発するといった展開も行われた。ほかにも欧州の人気コミック『アステリックス』を使ったアクションゲームも開発されヒットシリーズとなった。これらのゲームはいずれも日本で開発されていた。

それだけではない。欧州でシェアがＮｏ．１になった結果、日本や北米ではかなわなかった、多数のサードパーティーの参入が実現。数年間に渡ってソフトがリリースされた。たとえば日本の大手メーカーであるタイトーは、欧州ではマスターシステムへ参入し、『ダライアスII』『ラスタンサーガ』『オペレーションウルフ』など多くのアーケード移植タイトルを開発、発売している。

最終的に欧州のマスターシステムの販売台数は７００万台近くまで達したということで、これは日本と北米のマスターシステムを合計した数の3倍以上となる実績である。

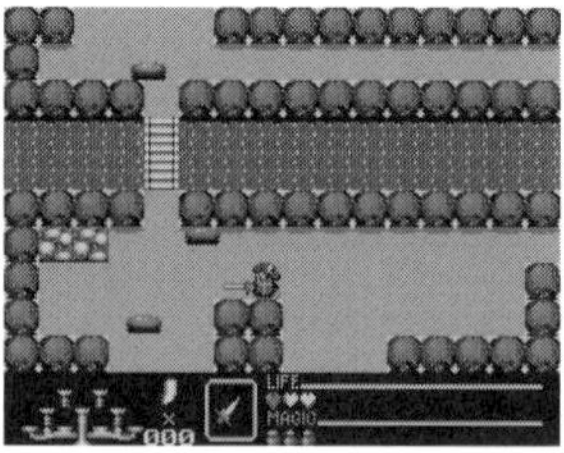

『Golden Axe Warrior』

その上、マスターシステムはさらに海を渡り、南米ブラジルにも到達している。ブラジルは当時輸入品への関税がきわめて高く、家庭用ゲーム機はアタリやＮＥＳのコピー品が一部流通するくらいで、ゲーム市場では未開の地であった。そこへブラジルの大手おもちゃメーカー、テックトイ社がセガと接触。当時日本で発売していたセガ製のおもちゃ「光線銃ジリオン」のライセンスを成功させてセガの信頼を得たテックトイは、マスターシステムをブラジルで独自に製造する権利を得る。

１９８９年9月よりブラジルでも発売が開始されたブラジル製マスターシステムは、１年で30万台を販売。その後メガドライブのライセンスも取得している。テックトイは長らくブラジルのゲーム市場をセガハードで独占した。21世紀に入っても互換機を販売し続けているため正確な数は不明だが、ブラジルだけで数百万台が発売されていたと言われている。

日本でもセガ・マークⅢはマスターシステムに

日本についても触れておこう。

欧州発売と同じ１９８７年の秋、セガ・マークⅢに代わる4代目のセガハードとして日本向けマスターシステムが登場した。

日本向けのマスターシステムは、先に述べたとおり2年前に発売したセ

マスターシステムのパンフレット

ガ・マークⅢと性能は同じものだ。本体の名称およびデザインのみ海外版と同じにした、セガ・マークⅢのマイナーチェンジ版で、過去に「SG－1000Ⅱ」をリリースしたときとやっていることは同じである。

一応北米・欧州で発売したものとは細部の機能が異なっており、日本でのみ発売されたセガ・マークⅢの周辺機器となる、サウンド拡張機器の「FMサウンドユニット」や、ソフト連射装置「ラピッドファイア」などを内蔵しているところが特徴だ。

日本向けのマスターシステムの発売は、この1987年の秋にNEC－HEから「PCエンジン」が発売されたことが影響していると思われる。

シェア3番手の家庭用ゲーム機として、ひっそりと販売を続けていたエポック社の「スーパーカセットビジョン」がこの頃ついに退場し、それと入れ替わるかたちで現れたのがPCエンジンだ。ファミコンやセガ・マークⅢと同じ8ビット機でありながら、PCエンジンは表現能力で前2機種をはるかに上回る、高性能ゲーム機であった。

PCエンジンはその後、翌年以降に登場するメガドライブや「スーパーファミコン」と戦いを繰り広げることになるのだが、セガはまだこのときメガドライブを開発中で、発売は1年先だった。そこで、見た目だけでも目新しくなった互換ハードを発売したのだ。

『アウトラン』

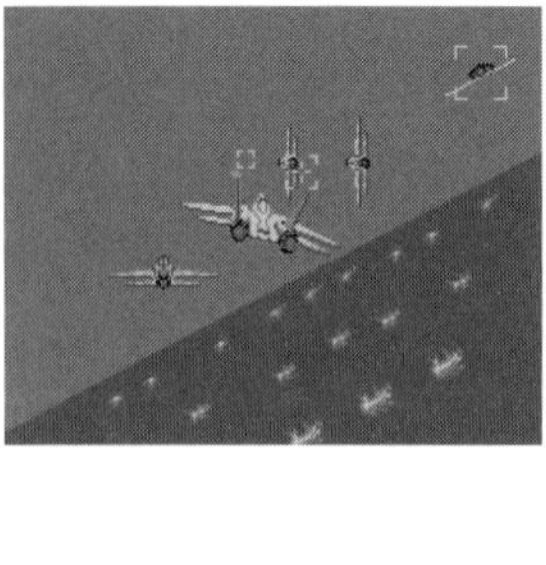
『アフターバーナー』
F-14D Tomcat is a trademark of Northrop Grumman Systems Corp.

マスターシステムに姿を変えたセガ・マークⅢは、さらにさまざまなタイトルをリリースしていった。ハードの性能差をソフトウェアの工夫により乗り越えたヒット作『スペースハリアー』のあとも、『アウトラン』『アフターバーナー』といった、どんどん進化していくアーケードのヒット作を次々と、半ば強引に移植していった。また『キャプテンシルバー』や『バブルボブル』『R-TYPE』『ダブルドラゴン』といったセガ以外のアーケードゲームもセガ自身の手で発売した。さらには『ファンタジーゾーンⅡ』『スペースハリアー3D』といった、元はアーケードの移植作として大ヒットしたタイトルの家庭用向けオリジナル続編も開発した。

そして『覇邪の封印』『イース』といった人気パソコンゲームや『ロッキー』『スケバン刑事Ⅱ』『あんみつ姫』など、話題となった映画、TVドラマ、アニメの幅広いライセンスを取得し、セガ自身の手でせっせとゲーム化した。

移植だけでなく、オリジナルタイトルも多数リリースされている。特にこのマスターシステムが発売された1987年には、その後のセガの代表作となる『ファンタシースター』が登場。本作は日本のマスターシステムにとって一番の目玉タイトルとなった。

『ファンタシースター』は、ファミコンで1987年1月に発売された『ドラゴンクエストⅡ』の大ヒットによって突如活性化した「RPG」という新ジャンルのゲームを、セガでも作ろうという機運が高まり開発がスタートしたタイトルだ。

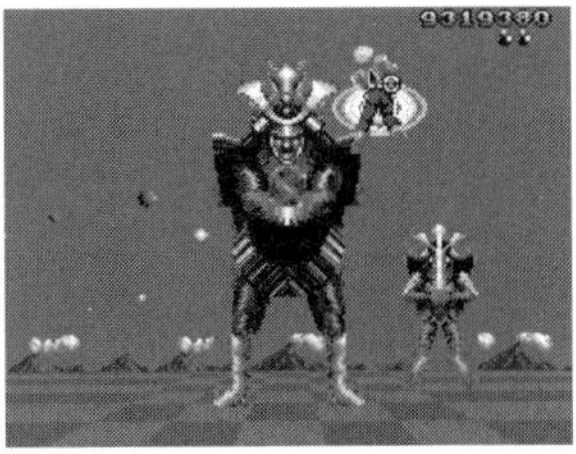

『スペースハリアー3D』

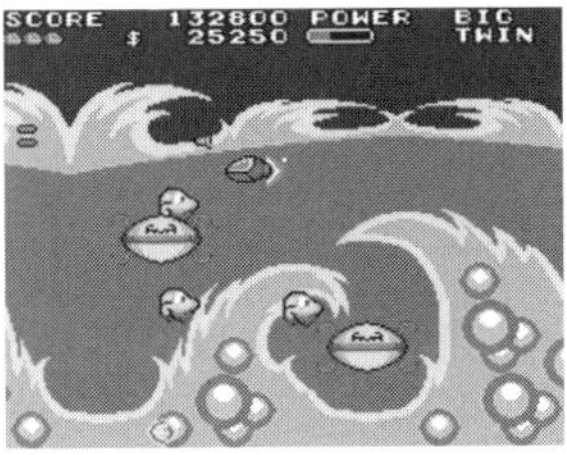

『ファンタジーゾーンⅡ』

ファンタジー世界をモチーフとしたドラクエに対し、ファンタジー世界に加え未来世界のSF設定をブレンドした『ファンタシースター』は、おもしろければなんでもありという、日本の漫画やアニメに通ずるごった煮の世界観が特徴だ。

さらに『ドラゴンクエストII』からわずか11カ月後の発売であるにも関わらず、ファミコンに勝る美しいグラフィック、ダイナミックにアニメーションする3Dダンジョンと戦闘シーン、重要イベントで挿入されるビジュアルシーンなど、マークIIIがファミコンよりも上回っていた機能をすべて生かし、同時代のRPGとは一線を画す豪華絢爛な作品に仕上がっていた。※5

開発にはプログラマーに中裕司氏、グラフィックに小玉理恵子氏や大島直人氏など、その後もセガを支え続けた伝説的なスタッフが一堂に会しており、1984年以降経験を重ねてきたセガの家庭用オリジナルタイトルとしての代表作となった。

セガのアーケード基板のノウハウを反映し、ライバル機に勝る性能で登場したセガ・マークIII／マスターシステムは、SG-1000の時代から軸としていた「人気アーケードゲームの最速移植」の方向性を推し進め、また『アレックスキッド』や『ファンタシースター』といった家庭用オリジナルのヒット作も生み出し、セガのその後の地盤を築いた。

また1988年にはセガハードで初めてサードパーティーが参入。テクモ系列の

※5
ちなみにファミコン向けのRPG『ファイナルファンタジー』（第1作）は、奇しくも『ファンタシースター』と同じ週に発売されている。

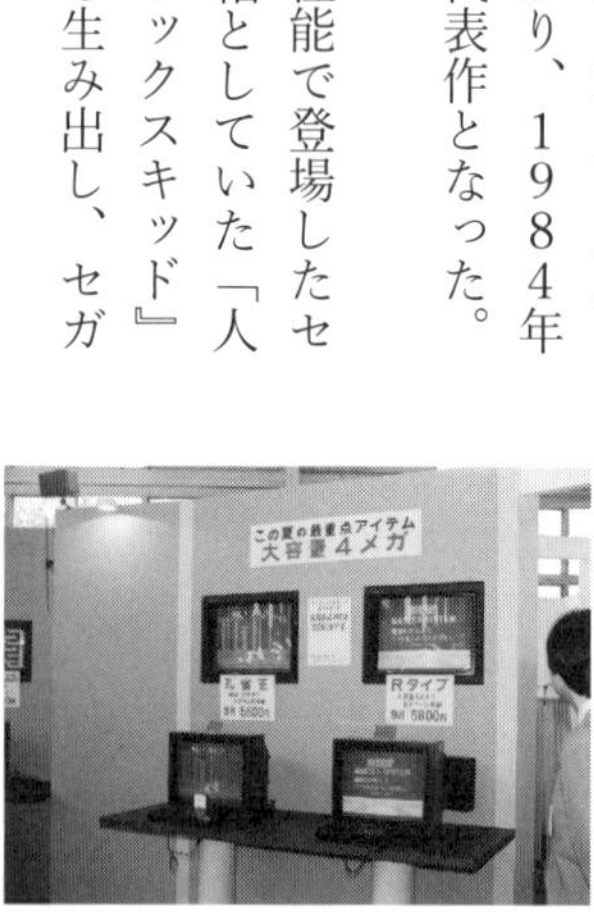

東京おもちゃショー（1988年6月）

会社サリオが、アーケードタイトルの移植として3月に『アルゴスの十字剣』、4月に『ソロモンの鍵』を発売するが、これがセガ・マークⅢ／マスターシステムの日本での最後のビッグニュースだった。

結局マスターシステムは、セガ・マークⅢを買おうと思っていた潜在的なファンにはアピールすることができたが、国内でのシェアを伸ばすことはなかった。

１９８８年秋、16ビット機のメガドライブが発売されると同時に、マークⅢとマスターシステムを支えたセガファンはメガドライブへ移行、あるいはＰＣエンジンやファミコンへと移り、もともと大きくなかった市場は急速にしぼむ。当時『Ｂｅｅｐ』などの雑誌や店頭で配布されるチラシには、マスターシステムの今後の発売予定タイトルとして『アウトラン３Ｄ』『上海』『ランページ』『ウルティマⅣ』など多くのゲームの名が並んでいたが、ほぼすべてが発売されなかった。１９８９年2月に発売されたシューティングゲーム『ボンバーレイド』を最後に、日本のマスターシステム用ソフトの供給は止まった。セガ・マークⅢの発売から3年3カ月ほどの期間だったが、日本のマスターシステム発売から数えるとわずか16カ月後のことだ。

しかしその魂は、１９９０年にゲームギアとして再度よみがえるのである。

『ファンタシースター』

さて、当時の自分の話もしておこう。たしかにきっかけこそ『Ｂｅｅｐ』にそそのかされて買ったセガ・マークⅢであったが、どのゲームもファミコンでは体験できない個性的なもので、僕は夢中になってセガのゲームを遊び続けた。こづかいの多くがマークⅢ／マスターシステム用ソフトに費やされ、高校へ進学しても、新しい友達との話題はセガのゲームのことばかりだった。１９８７年の秋、僕の周りにいた多くの友人がＰＣエンジンではなく、あえてマスターシステムを選んで購入していたが、決して僕がそそのかしたつもりはない。

第 4 章 ｜ 1988年～

メガドライブ

セガの攻勢を支えた「システム16」

セガが5番目の家庭用ゲーム機である「メガドライブ」を日本で発売したのは1988年10月だが、開発が始まったのはその2年前、1986年ごろだと言われている。この1986年というのはセガにとっても変革の年であった。

1986年1月、セガはアーケードゲーム用に「システム16A」をリリースした。システム16Aはその少しあとに出た改良版「システム16B」と合わせて、約5年もの間アーケードで新作が出続けたロングセラーの名基板である。

このシステム16（A／B）については第2章でも触れたが、名前に冠した数字の由来となる「16ビット」CPUを搭載した、最新のシステム基板だった。16ビットで作られたシステム16のアーケードゲームは、これまで世界中のどこのゲームでも見たことのなかった美しいビジュアル、スピード感、そしてサウンドがすべて詰まっており、TVゲームの歴史を変えるほどのインパクトを持っていた。20世紀のセガを知る人なら誰もがよく知るゲーム、『ファンタジーゾーン』『カルテット』『テトリス』や『ゴールデンアックス』など、セガの有名タイトルの多くがこのシステム基板向けに開発されている。

セガにはそれまでも『ペンゴ』や『フリッキー』など、色鮮やかなグラフィックによるかわいらしいキャラクターでのヒット作はあったものの、『パックマン』『ゼビウス』や『スペースインベーダー』を世界中でヒットさせたライバルのナムコやタイトーに比べると存在感は薄かった。しかし前年に登場した２つの体感ゲーム『ハングオン』『スペースハリアー』、そしてシステム16タイトルのヒットにより、セガは70年代のエレメカ時代以来、久々にアーケードのＮＯ．１ゲームメーカーへと返り咲いたのである。

　システム16の開発は、さらにさかのぼって１９８３年ごろから始まったというが、同時並行してアーケード版『ハングオン』の開発も行われており、大きな影響を受けたという。『ハングオン』は開発途中のシステム16を原型にしたが、最新のシステム16の性能でも、開発者である鈴木裕氏の理想を実現するにはまだ不十分だった。そこで氏の提案を受けて、ハード設計者の梶敏之氏が改良を加えた。ＣＰＵを２つに増やし、スプライト※1にはズーム機能を加えるなどして、『ハングオン』専用の基板が完成。基板は巨大なものになったが、元々大きな筐体だったので問題なかった。続く『スペースハリアー』の開発では、『ハングオン』の基板をもとにスプライト機能をさらに強化。２作はそれぞれ１９８５年の夏と冬にリリースされ、その映像のすごさも話題となり大ヒットを飛ばした。

　この２作の開発経験がシステム16の性能を底上げした。２作で加えた機能を残し

『ハングオン』

※1
ゲームのキャラクターの表示機能のこと。当時は1画面や1列の間に表示できるスプライト（キャラクター）の数に制限があり、これをたくさん表示できるものが高性能の指標の1つでもあった。

ながらコストダウンや小型化を図る。さらにスクロールなど汎用的な機能を追加し、最適化したのが最終的なシステム16Aになった。

新しくて高性能なものが大好きなゲームファンは、『ハングオン』『スペースハリアー』で注目し、システム16の登場以降は、いっそうセガのゲームに注目するようになった。それが1986年、という年だったのだ。

1988年、メガドライブ発売

このように16ビットによってセガのゲームが大きく躍進したタイミングで開発をスタートしたのがメガドライブだった。

人気アーケードゲームを移植するなら、メガドライブにも16ビットCPUの搭載が必須条件だったが、このモトローラ製CPU「MC68000」は非常に高価だった。コストを重視するならCPUは8ビットのままという考えも、まだ捨てきれないでいた。メガドライブの開発がスタートしたあとも、本当に16ビットCPUを搭載できるのかどうかはなかなか決まらずにいた。

この問題を解決すべく、当時の開発部長であった佐藤秀樹氏が動いた。佐藤氏はMC68000のセカンドソースを製造しているシグネティクス社へ直談判。渡米し交渉した結果、大量発注によるコストダウンが実現し、市場価格よりもかなり安

メガドライブ

価で調達が可能になった。こうしてメガドライブは16ビットに決まった。

ただしCPUが同じだからといって、システム16の機能をすべて再現できるわけではない。システム16との互換性を極力損なわず、どこまで機能を実装させられるのか、設計担当の石川雅美氏は最後まで調整を続けた。

さらには後方互換性、つまり「セガ・マークⅢ／マスターシステム」のソフトも動くようにしてほしいとの注文もあった。マスターシステムは「ＳＧ‐１０００」までのすべてのソフトが動作したからだ。１９８６年といえばメガカートリッジ発売の影響で、ハードの普及が進んだ時期であったので無理もないだろう。[※2]このような理由でメガドライブには16ビットＣＰＵだけでなく、マスターシステムに使われていた8ビットＣＰＵも加えて２つのＣＰＵを搭載することになった。

アーケードゲームを再現するなら音楽も重要である。サウンドはこれまでのＤＣＳＧに加えて、新たにアーケード基板と同等のＦＭ音源を搭載した。しかもマスターシステムに使われていた2オペレーターのＯＰＬＬではなく、より高度な音を鳴らせる4オペレーターのＯＰＮだ。すでに一部のホビーパソコンには搭載されていたＦＭ音源ではあるが、家庭用ゲーム機では初めてのことであった。

今度はＦＭ音源を開発しているヤマハへ出向き、家庭用ゲーム機への搭載を依頼したのだが、当初はヤマハ社内で猛反発があったらしい。本来の用途として搭載し、

※2
実際にこの上位互換性は実現し、別売の「メガアダプタ」を装着することにより、メガドライブでマークⅢ／マスターシステムのソフトを動作させることができた。ただし、その前のＳＧ‐1000シリーズ向けのソフトは動作せず、日本版マスターシステムの売りであったＦＭ音源によるサウンドは再現できなかった。

販売しているヤマハのシンセサイザーと比べて、家庭用ゲーム機があまりに低価格だから、というのがその理由だった。

　しかしセガはこれまでのアーケードでの採用実績や、家庭用ゲーム機の製造などでもヤマハとは非常に懇意にしていたため、最終的に許可が出て実装することができたのだという。※3

　こうして問題を1つずつ解決し、さまざまな検討を重ねた末に、現在のメガドライブの性能が決まった。

　価格は2万1000円と、これまでのセガハードの価格であった1万5000円からは少々値上がりしたが、性能を重視した。それでも前年に発売された「PCエンジン」の2万4800円よりは少々価格を抑えて設定したのは、SG-1000のときの成功体験を意識してのことだったのかもしれない。

　値段といえばメガドライブは、前年の1987年にシャープから発売されたホビーパソコン「X68000」ともよく比較された。X68000はその名のとおり、あのMC68000を搭載した16ビットホビーパソコンの決定版で、アーケードゲームがそのまま遊べると大きな話題となった。しかし価格はモニターとセットとはいえ40万円近くと、当時のPCの中ではダントツに高額だった。そこへ同じ68000CPUなのに、約20分の1の値段で買えるゲーム機が登場したのである。

※3
実はPCエンジン陣営も、セガに先行してヤマハへFM音源の提供を持ちかけていたが、このときは断られてしまったという話である。

メガドライブ発表会（1988年9月）

ハードの仕様が固まると、ソフトが急ピッチで準備された。初期はまともな環境ではなく、100%の性能も出せない巨大な基板を渡され、その使い方を覚えながら開発したらしい。しかも制作期間はこれまでの8ビット機のソフトよりも短い、実質2カ月ほどだったというのだから、当時のスタッフの苦労が偲ばれる。

メガドライブの記者発表会が行われたのは、製品発売の1カ月前となる1988年9月のことだった。同時発売となる『スペースハリアーII』『スーパーサンダーブレード』のほか、『獣王記』『アレックスキッド 天空魔城』が展示されていた。どれもセガが誇る人気シリーズの続編、あるいはアーケード用最新ゲームの移植で、前世代機であるセガ・マークIII／マスターシステムでは不可能な、鮮やかなグラフィック、大きなキャラクターが目を引いた。特に『獣王記』はその年の6月にアーケードでリリースしたばかりのシステム16用新作だったが、早くもメガドライブ上でプレイできた。※4

メガドライブはファンに大きな期待をもって迎えられた。16ビットCPUを搭載していることは、本体の写真を見ただけでわかった。あの黄金の「16-BIT」の文字である。最大のセールスポイントが本体に大きく刻印されていたのだ。

本体と同時に発売されたのは『スペースハリアーII』と『スーパーサンダーブレード』の2作。どちらもアーケードの人気3Dシューティングの家庭用オリジナ

※4
メガドライブ版の実質的な開発期間は1カ月程度らしい。アーケード版のプログラムをある程度流用することで実現した。

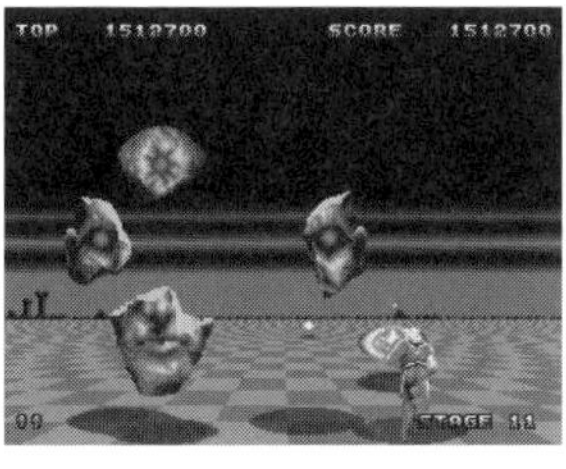

『スペースハリアーII』

ル続編である。※5
『スペースハリアーII』は、初代『スペースハリアー』の10年後を舞台にした新作だ。実は『スペースハリアー』の続編は、この年の2月に『スペースハリアー3D』という、1作目の前日譚を描いたソフトがマークIII用にすでにリリースされている。そのときのチームが継続して開発したのがこの『II』で、実際にはシリーズ3作目にあたるものだ。キャラクターもほぼ一新され、ボスの攻撃方法も、かなりひねりのあるものになっている。

『スーパーサンダーブレード』は、のちに『ソニック・ザ・ヘッジホッグ』を生み出すことになる中裕司氏の手によるものだ。氏は非凡な才能により、初代『スペースハリアー』をマークIIIに移植したことで、「セガにはすごいプログラマーがいる」とファンの間で注目されていたが、このときは「あの『スペースハリアー』の続編を、裕さんを差し置いてつくるなんておこがましい」と、『スペースハリアーII』ではなく『スーパーサンダーブレード』を開発するほうを選んだそうだ。

どちらのゲームも前機種のセガ・マークIII／マスターシステムと比較すれば、より上質な表現力を手に入れているのだが、2作とも同じような3Dシューティングであり、しかもどちらも「アーケードと寸分たがわず」、と呼べるまでの再現度にはなっていなかった。

これはオリジナルの『スペースハリアー』などに搭載されていた「スプライトの

『スーパーサンダーブレード』

『獣王記』

ズーム機能」が、最終的にコストの問題でメガドライブには実装されなかったためだ。※6

発売日に買ったファンとしては、たしかに今までのどの家庭用ゲーム機よりも高性能でうれしいのだけれども、アーケードそのままのゲームが遊べるわけでも、まったくの新作が遊べるわけでもない、なんだか手放しで喜べない感じもする、割り切れない気持ちになる幕開けとなった。

その上、ここからひと月1本ほどのペースで発売された『獣王記』（11月27日発売）『おそ松くん　はちゃめちゃ劇場』（12月24日発売）『アレックスキッド　天空魔城』（1989年2月10日発売）の3本が、今度はすべて横スクロールアクションだったのだ。勢い余ってこれらを全部買ってしまったメガドライブユーザーは、偏りすぎたジャンルとボリュームの少ない内容のおかげで、ソフトを買い増すたび本体発売日以上に複雑な気持ちになった。

そしてセガ・マークⅢ／マスターシステムに戻り、『R‐TYPE』『ダブルドラゴン』『イース』といった良作タイトル群を遊ぶことにした。

さて僕自身はというと、ようやく高校生になった頃だ。家は郊外にあったのでアーケードゲームは駄菓子屋の軒先のアップライト筐体※7で遊ぶしかなかったのだが、

※5
『獣王記』は不具合が見つかり、直前で延期となった。

※6
ズーム機能が実装されなかったもう1つの理由は、チップの歩留まりの問題だったと開発した石川氏は語っている。なお2022年に発売したミニゲーム機「メガドライブミニ2」には、ズーム機能を実装したメガドライブ上で作った『スペースハリアー』および『スペースハリアーⅡ』が収録されている。当時メガドライブを発売日に買った人にはぜひ遊んでもらいたいゲームである。

※7
プレイヤーが立ってプレイするアーケード筐体。海外ではこのスタイルのゲームがメインである。

通っていた高校の近くにはなんと「インベーダーハウス」が残っていて、僕は授業が終わるとクラスメイトたちとその店へ入り浸るようになった。

『Ｂｅｅｐ』も読み続けていたので当然メガドライブは発売日に買ったのだが、ゲームジャンルの偏りにはついていけず、年末年始はもっぱらファミコン版の『グラディウスII』を遊んで過ごした。ゲーム機はセガだけではないのだ。

さまざまなハードで遊べたセガのゲーム

この１９８８年、セガ以外の家庭用ハードの年末商戦はとにかく華やかなものだった。まず任天堂のファミコンは10月に発売された『スーパーマリオブラザーズ3』を筆頭に、コナミの『グラディウスII』、スクウェアの『ファイナルファンタジーII』、ナムコの『プロ野球ファミリースタジアム'88』、カプコンの『ロックマン2』がリリースされていた。あのＢＰＳの『テトリス』もこのタイミングだ。

さらに1年前に発売された、ＮＥＣ‐ＨＥのＰＣエンジンもあった。ＰＣエンジンは、８ビットＣＰＵながらファミコンやマークIIIから格段に進化したグラフィックや高速処理で、その後メガドライブや「スーパーファミコン」ともシェアを競うハードだが、この年末には早くも追加ユニットを発売した。世界で初めてのゲーム用ＣＤ‐ＲＯＭシステム「ＣＤ‐ＲＯＭ²」だ。まだ音楽ＣＤプレイヤーですら一

『アレックスキッド 天空魔城』

すら一般家庭では見かけることのない時代に、ＣＤによる生音の再生や５４０ＭＢの大容量を活用したビジュアルの強化などをアピールした。

最大の難点は価格だった。このゲームを遊ぶためには2万４８００円のＰＣエンジン本体のほかに、５万９８００円のＣＤ‐ＲＯＭユニットを購入する必要があり、さらにソフトも（同時発売ソフト『ファイティング・ストリート』の価格は５９８０円だった）となると、合計で9万円を超えることになる。

『龍が如く0』でも描かれたバブル景気の１９８８年とはいえ、これをフルセットで購入できるゲームファンはきわめて限られていた。それでもＣＤ‐ＲＯＭという未知の技術の魅力もあって、ＰＣエンジンの注目度は高まる一方だった。ＣＤ以外のソフトも、この発売1年目の年末は充実しており、特に人気だったのはアーケードゲームの移植タイトルで、ナムコの『ドラゴンスピリット』、そしてＮＥＣアベニューによる『ファンタジーゾーン』と『スペースハリアー』だ……？

……さて、当時のセガファンにとって語り草になっているのが、この「ライバルハードに自社のヒット作をライセンスするセガ」の手法だった。実はこの１９８８年の年末年始にはＰＣエンジンの2作だけでなく、ファミコンにはサンソフトが『エイリアンシンドローム』※8と『ファンタジーゾーンⅡ』を、タカラが『スペースハリアー』を移植しリリースしている。

※8
セガが１９８７年４月にアーケードのシステム16Bでリリースしたアクションシューティング。同年10月に日本版マスターシステム本体と同時発売で移植されていた。

いずれもアーケードやセガ・マークⅢでリリースされたセガのヒット作である。これらのタイトルが、よりによってメガドライブという新ハードの船出のタイミングでライバル機に続々とリリースされているのを見て驚いたり、メガドライブの購入を止めてPCエンジンのセガタイトルを購入したりしたファンは少なくなかっただろう。

おそらくセガの言い分としては、どれもすでに1～2年前に自社のゲーム機（セガ・マークⅢ／マスターシステム）でリリースされたゲームであり、言ってしまえば昔のゲームであるから問題ないという判断だったのだろう。[※9] たとえ『スペースハリアー』がどんなに高い完成度でファミコンやPCエンジンでリリースされようとも、最新作の『スペースハリアーⅡ』が遊べるのはメガドライブだけと考えれば、むしろ呼び水になるのではないかとすら思っていたのかもしれない。

事実、当時のゲームセンターに置かれるゲームの移り変わりは非常に激しく、3カ月どころか1カ月もしないうちにお店からなくなってしまったりすることもざらにある時代だった。であれば、価値があるのは何よりも今ゲーセンで遊べる最新ゲームであり、またはその新しい続編である。

ところが幸か不幸か例外的にこの時代のセガのゲームは評価が高く、ロングランヒットが続いており、『スペースハリアー』の人気は何年経っても衰えることはなかった。

※9
これはセガが、早くからライセンスアウトのビジネスを重視していたためともいえる。結果として、これらのタイトルの知名度や人気が未だに高いのは、複数のハードで移植されたことも理由であるはずだ。

ともかくセガがライバル機向けの移植をあちこちに認めてしまった結果、自社だけでなくライバルを含めた3つの機種で、『スペースハリアー』がほぼ同時期にリリースされるという事態を引き起こした。

さらに同じタイミングでPCエンジン版『ファンタジーゾーン』とファミコン版『ファンタジーゾーンII』も同時に発売されており、元々セガのゲームであったにも関わらず『ファンタジーゾーン』の好きなファンは、メガドライブ以外を選ぶことになった。※10

というわけでライバルに対して圧倒的な性能を見せつけることもなく、魅力的なセガのアーケードタイトルは他機種で発売されるという混乱した事態の中で、静かなスタートを切ったメガドライブの戦いの場は1989年の春へと進むのであった。

最初の大型タイトル『ファンタシースターII』

新ハードの旅立ちとしては順風満帆とは言いがたいこのメガドライブの発売を、最も警戒していたのは実は任天堂だったのかもしれない。メガドライブ発売直後の11月、任天堂の次世代ハード・スーパーファミコンのメディア向けの説明会が開催された。そこでは、発売予定時期を9カ月後の1989年7月と公表したものの、

※10
このときライバル機に移植された『スペースハリアー』と『ファンタジーゾーン』の第1作は、シリーズでも最も人気が高かったにも関わらず、最後までメガドライブには移植されなかったので、一部のメガドライブファンにとっては非常に心残りだったと言われている。そのため2022年に発売された「メガドライブミニ2」において、新規のメガドライブ向け移植としてこの2作が収録されたことを喜ぶ当時のファンは大変多かった。

公開したのは実機ではなく本体の試作見本で、報道陣の前で動いているものを見せることはしなかった。

また配布されたビデオでは開発中の映像を見ることができたが、内容も技術デモが中心だった。同時発売は『スーパーマリオブラザーズ4』や『ゼルダの伝説3』（当時の発表資料にあった仮称タイトル）ということだったが、この2タイトルの片鱗は公開されたビデオの中にはなかった。実際にスーパーファミコンが発売されたのが2年後の1990年11月だったことからも、この発表は年末商戦を前にメガドライブやPCエンジンへの乗り換えを牽制したものだったことがうかがえる。

そんな、注目度が高いのか低いのかわからないポジションのメガドライブの、最初の大型タイトルだと評判だったのが、通算6本目のタイトルにして初のRPG『ファンタシースターII　還らざる時の終わりに』だ。発売は1989年3月で、すでに本体発売から5カ月が経過していた。

前作『ファンタシースター』はセガ・マークIII／マスターシステム向けとしてヒットしたタイトルだが、続編は開発スタート後すぐにメガドライブへと変更になった。ローンチに『スーパーサンダーブレード』をリリースしたばかりの中裕司氏が前作に続きメインプログラマーを担当していたことからもわかるとおり、開発期間はわずか半年ほどで、1作目以上に短かったという。

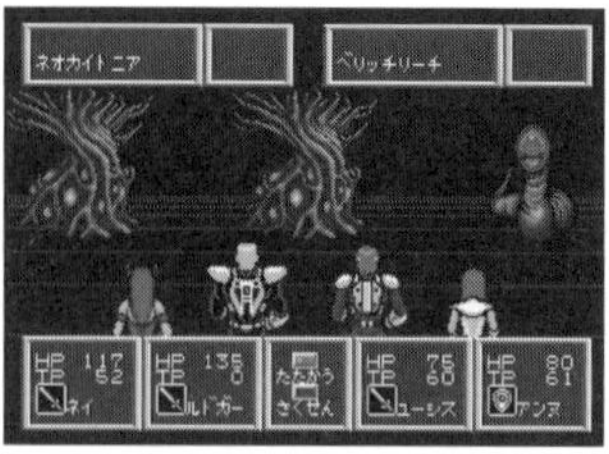

『ファンタシースターII　還らざる時の終わりに』

前作でシナリオを担当した青木千恵子氏がゲームデザインも担当。前作から1000年後とした舞台はSF寄りで、物語も少しハードなものになっている。

本作はパッケージイラストに、人気イラストレーターの米田仁士氏を起用したことでも話題となった。親しみやすさはあるが比較的子供向けだったこれまでのマークⅢソフトのテイストから脱却し、外装も紙箱からハードケースへとグレードアップ。メガドライブをより高級感ある路線へと転換させていく上での氏の起用であった。ほかのパッケージイラストも、当時ハヤカワなどのSF小説の表紙を描いていたイラストレーターを中心に発注しており、この方針が『ファンタシースターⅡ』の世界観の構築にも影響を与えたのかもしれない。

その一方で、ゲーム内に登場するキャラクターデザインを、入社したばかりの新人2人に任せるという大抜擢もしている。今も人気の高いヒロインのネイなどメインキャラクターをデザインしたのは、後年『サクラ大戦』のメインデザイナーとして活躍した吉田徹氏。街の店員などサブキャラクターをデザインした山口恭史氏はのちに『ソニック・ザ・ヘッジホッグ2』のメインデザイナーとして、ソニックの相棒、マイルス〝テイルス〟パウアーを生み出したその人だ。

『ファンタシースターⅡ』以前に発売された5タイトルは、ハード開発と並行して作られたこともあってか、新ハードの機能を発揮しているとは言えなかったが、『ファンタシースターⅡ』は、品質もボリュームも申し分ないものとなっており、

『ファンタシースターⅡ』パッケージ

ようやく新ハードらしさを実感できるゲームが登場した。

人気に火を付けるはずだった『テトリス』の発売中止

続く4月にも大型タイトルが控えていた。なんといってもアーケードで大ヒット中のパズルゲーム『テトリス』が発売され、メガドライブの人気はここで跳ね上がる……はずだったのだが、諸般の事情で本ソフトは発売中止となり、とうとう最後まで発売されることはなかった。

元々海外のPC向けソフトであった『テトリス』は、国内でもPC向けに多数のハードでリリースされ、その後のファミコン版もそれなりに人気を博していたが、こと日本ではセガが1988年12月に発売したアーケード版が、ダントツで高い評価を受けていた。各地のゲームセンターでは『テトリス』を大量設置するなど、10年前の『スペースインベーダー』以来の社会現象となっていたのだ。

このセガ版ならではの特徴はいくつかあるが、特に好評だったのはオリジナル版の操作システムを一新したことだ。それまでに出ていたテトリスの操作はボタンでテトリミノ[※11]の落下、レバー下で回転だったのだが、これをボタンで回転、レバー下を入れている間だけテトリミノが高速で落下するというようにした。このわずかだが大きな変更は『テトリス』というゲームをより直感的でわかりやすくし、またス

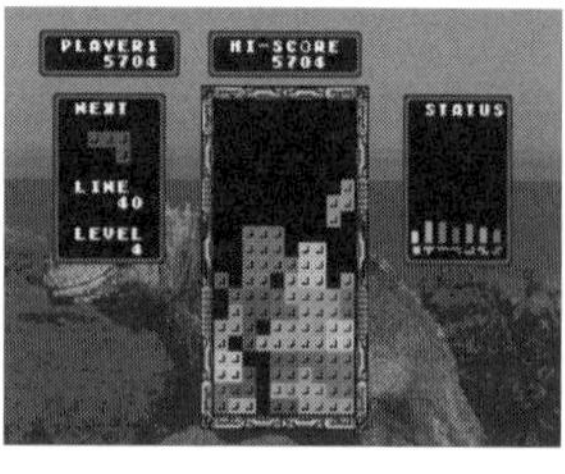

完成していた『テトリス』
（メガドライブ未発売）
Tetris ® & © 1985~2019
Tetris Holding.

※11
『テトリス』に登場するブロックのこと。4つの正方形からなるブロック群で、7種類のかたちがある。

テージクリア方式をやめたことで延々とプレイし続けることができる独特で新たな魅力を生み出した。[※12] そのため、いくらほかの『テトリス』が家で遊べても、アーケード版の魅力を一度知ってしまうと、なんだか物足りないものに感じられるようになった。

そしてこの優秀な操作システムは、なんと発売されたばかりの任天堂ゲームボーイ版『テトリス』に採用されることになる。家庭用で初めて、この直感的な操作で遊ぶことができるようになったゲームボーイ版は、6月のソフト発売以来、日本どころか全世界で大ヒット。ゲームボーイのハード普及に多大な貢献をした。また任天堂は11月にはNES版を北米向けに発売。こちらも記録的な大ヒットとなった。

日本のメガドライブがその後も大きな成功を収められなかったことについては、ここで『テトリス』が発売できなかったことを最初の分岐点として挙げる方も多いが、とにかく歴史はメガドライブ版の発売を許さなかった。中止の決定は発売日直前だったため、ソフトは完成どころか倉庫で出荷準備中という状況。このとき製造済みのパッケージはもちろんすべて廃棄されたという。僕も含めたインターネットなどの通信手段を持ってない当時のファンは、そんなことも知らず、発売日当日にソフトを求めてあちこちの店を探し回った。

それでもメガドライブの4月は、ほかにもまだ2本の新タイトルの発売予定が

※12
そのほかにもテトリミノが地面に接地した後の接着時間をわずかに設けたことや、回転しながら隙間に入れるテクニックなど、アーケード版には独自のルールが加えられており、それらも高く評価された。

あった。定番の野球ゲームである『スーパーリーグ』と、PC用シミュレーションゲームのメガドライブ向けリメイク『スーパー大戦略』だ。

この『スーパー大戦略』、タイトルこそ8ビット向け簡易バージョンと同じ名だが、実際は16ビットパソコンの「PC-9801」用『大戦略II』をベースとした移植になっており、当時最高峰のシミュレーションゲームの発売であった。「パソコンの上位機種でしか遊べなかった高度なゲームが遊べる」ことで、メガドライブというハードウェアの性能の高さを実感できた。

続く6月、ついにあの『サンダーフォースIIMD』が発売された。メガドライブで初めてのサードパーティータイトルで、当時花形のジャンルだった横スクロールシューティングゲームだ。

開発・発売元であるテクノソフトはこれまでPC向けゲームを開発していたため、ゲームセンターや家庭用ゲームしか知らない多くのメガドライブユーザーにはほぼ無名といってもいい会社だった。しかし、ビジュアル、サウンド、スピード、すべてが当時最高峰の完成度で、ゲーム雑誌やクチコミでその評判はまたたく間に広まった。

本作はもともと前年に「X68000」向けで発売されたタイトルだったため、同じCPUであるメガドライブへの移植は短期間で実現したようだ。

メガドライブはアーケード基板との親和性を重視したつくりであったのに、それ

『スーパーリーグ』

を有利に生かせなかったのは16ビットゲームの開発経験を持つスタッフが、家庭用ゲームの開発部門にいなかったためだった。そのため、せっかくのあり余る性能をなかなか使いこなせずにいたのだ。

そこへやってきた『サンダーフォースⅡＭＤ』は、セガのソフト開発力を完全に上回っており、ファン以上にセガ社内にも衝撃を与えた。セガのハード開発のトップだった佐藤秀樹氏も、当時を語るたびにこのゲームについて触れているほどだ。

メガドライブの普及はまだまだこれからという時期ではあったが、元々小さいパソコンのゲーム市場と比べれば『サンダーフォースⅡＭＤ』は大きな成功となった。テクノソフトはこれまで長く続けてきたＰＣ向けゲーム制作を中止し、すべてをメガドライブへとシフトする英断を下した。

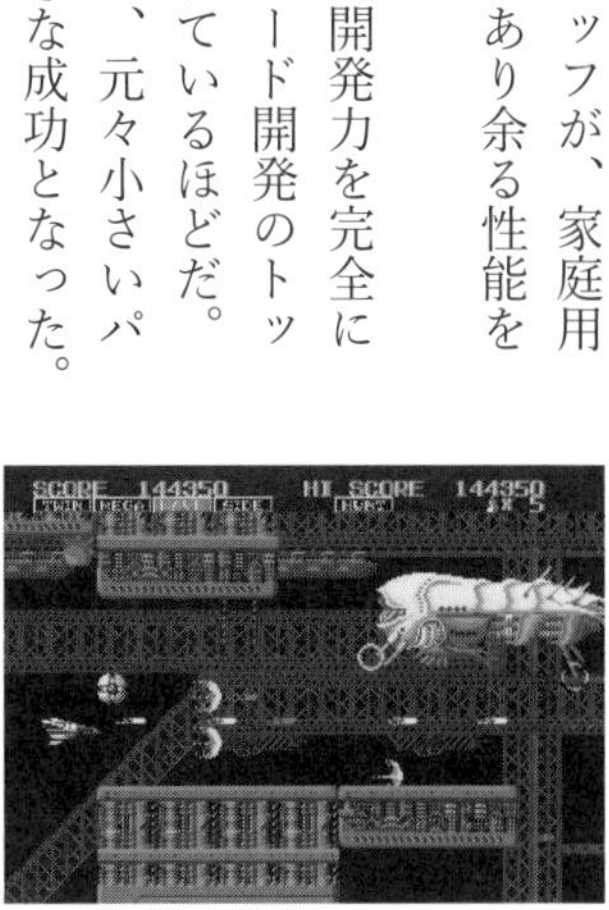

『サンダーフォースⅡＭＤ』

『大魔界村』を皮切りにヒット作が続々登場

とはいえ、セガ自身も負けてはいなかった。２カ月後の８月には、すでにメガドライブで３作目となる中裕司氏プログラムによる『大魔界村』が発売された。

本作は、前年12月にカプコンがアーケード向けに発売した大ヒットタイトルの移植版である。カプコンが満を持してリリースした、アーケード向け16ビットシステム基板「ＣＰシステム」の第２弾として発売されたものであり、大ヒット作『魔界村』の続編として誰もが知るゲームであった。

アーケード版が発売される直前の10月に行われた業界向けイベント「第26回アミューズメントマシンショー」でこのゲームを見た中裕司氏が一目惚れし、上司に頼んで移植を実現したのだ。カプコンはこの人気シリーズ最新作の移植をセガに許可しただけでなく、虎の子であるソースデータまで提供したという。当時おそらく横スクロールアクションの開発力がどこよりもすぐれていたカプコンの全面的な協力と、セガの家庭用部門で最も腕利きのプログラマーによって、アーケード版と比較してもプレイ感覚がまったく変わらない、きわめて忠実な移植が実現した。

メガドライブで遊べるアーケードの移植タイトルは、ここまで『獣王記』のみだったが、遊んだ印象は若干異なるものになっていた。しかし『大魔界村』は本当にアーケード「そのまんま」だったのだ。

『大魔界村』は発売から9カ月経ったその年の夏もゲームセンターで現役稼働中だったため、メガドライブユーザーは「家庭で練習して、ゲームセンターでその腕を披露する」ということができた。

アーケードゲームの移植タイトルこそ、家庭用ゲームの花形という時代。それでも実際には見た目も操作感覚もほとんど別物、というのが家庭用の常だった。「アーケードそのままの画面で、同じプレイ感覚で楽しめる」というのは長らく家

『大魔界村』

庭用ゲームの夢であった。それを初めてやってのけたのがPCエンジンだ。

ハドソンから本体と同時に発売された『ビックリマンワールド』（『ワンダーボーイ　モンスターランド』の移植）[※13]や、翌年発売の『R‐TYPE』（Ⅰ・Ⅱ）は、アーケードの操作感そのままに自宅でプレイすることができ、PCエンジンのスタートダッシュの成功に繋がった。「アーケードの忠実移植」時代の始まりである。

本物そのままの忠実移植が実現したら、次は移植版発売までの期間の短さが競われるようになる。そんな中でメガドライブ版『大魔界村』のように1年以内に出たばかりの大ヒットゲームが移植されるのは、驚くべきことだった。[※14]

メガドライブ版『大魔界村』はアーケード版の人気をそのまま引き継ぎ、家庭用でも大ヒット。メガドライブのハード普及に貢献した。セガはその後もカプコンと良好な関係を築き、人気タイトルを長年にわたって多数ライセンスしてもらうことができた。セガは『ストライダー飛竜』、『フォゴットンワールズ』（『ロストワールド』の移植）、『戦場の狼Ⅱ』、『ファイナルファイトCD』などを自社で続々と移植した。しかしタイトル人気と、移植までのスピードの早さではこの『大魔界村』が最もインパクトあるものとなった。

そしてハード発売から1年経った1989年の年末商戦のラインナップは、前世代機からセガを応援してきたファンにとって忘れられない、強力なものとなった。

※13
『ワンダーボーイ　モンスターランド』はアーケードでセガから発売されたゲームだったが、権利は開発元のウエストンが所持しており、ウエストンはセガに仁義を切った上でゲームの権利を他社にライセンスアウトしていた。ただし「ワンダーボーイ」の商標はセガが持っていたため、他社はそのままの名前で出すことはできなかった。

※14
PCエンジン版『R‐TYPEⅠ』もアーケードの稼働開始から9カ月という異例の速さでリリースされ大ヒットしたが、前半の4面分しか遊べなかった。5面以降が遊べる『R‐TYPEⅡ』発売まではさらに2カ月待つ必要があった。

12月1週目は人気ゲームの続編『ザ・スーパー忍』が発売。[※15] 前作は海外の考える「勘違い日本」を意識した、ちょっとコミカルな作品だったが、本作では雰囲気を一新。リアルに寄せたグラフィックになった。またシステムも大きく変更され、ほぼ別のゲームと化した。入社3年目のプランナーだった大場規勝氏にとって初のメガドライブタイトルだったが、円熟したステージ構成やギミックの妙など、非常に完成されたアクションゲームだ。[※16] また日本ファルコムのアルバイトからフリーの音楽家へと転身したばかりの古代祐三氏が、初めてセガのゲーム開発に参加した記念すべきタイトルでもある。本作はアーケード版を超えるヒットとなり、その後のシリーズ化への足掛かりとなった。

2週目は『タツジン』。前年10月に発表された東亜プラン最大のヒット作であるシューティングゲームを、開発者自身の手によって移植したものだ（発売はセガ）。東亜プランのシューティングは、PCエンジン版『究極タイガー』が同年3月に発売されヒットしており、その続編ともいうべき本作が、いち早くメガドライブに移植されたことも話題となった。

3週目は『ヴァーミリオン』。『アフターバーナーII』や『アウトラン』などアーケードのヒット作を多数輩出したセガの体感ゲーム開発スタッフ（のちの「AM2研」）がメガドライブ向けに手掛けたオリジナルRPGだ。セガの第一線のスタッフによる新作、しかも人気ジャンルであるRPGということで大きな期待が寄せら

※15
ちなみに本作発売と同月には、前作『SHINOBI 忍』がPCエンジン向けにアスミックから発売されている。

※16
大場氏は次作『ベア・ナックル 怒りの鉄拳』でさらなるヒットを飛ばし、その後『サクラ大戦』などを経て、開発分社社長になる。また『ザ・スーパー忍』の最終ステージは迷路になったダンジョンだが、これは大場氏のデビュー作が、同じく最終ステージが迷路になったダンジョンである『ワンダーボーイ モンスターランド』の移植版だったことが影響しているのではないかと思っている。

れた。ところが実際に遊んでみると、ひねりすぎてかなりクセのあるシナリオと、当時としてもシンプルすぎるシステムにとまどうユーザーが多かった。それでも美しいグラフィックと重厚な音楽が好評を得た。

そして4週目が『ゴールデンアックス』。アーケードで5月にリリースされてヒット中のゲームのタイムリーな移植である。ハードの制約で当時はまだ多くなかった2人同時プレイが再現されており、その楽しさが存分に発揮されたタイトルとなった。追加されたステージやDUELモードも好評で、メガドライブを代表するアクションゲームとなった。

そのほかにも10月には2社目のサードパーティーとして、ファミコンやPCエンジンでゲームを発売していたアスミックが参入し、『スーパーハイドライド』を発売。12月にはテクノソフト初のメガドライブオリジナルゲーム『ヘルツォーク ツヴァイ』がリリースされた。続いて、PCゲームメーカーだったマイクロネットが『カース』で参入する。[※17] いずれのメーカーも決して「有名」「大手」とは言えない会社だったが、メガドライブでセガ以外のゲームが遊べる、という新たな選択肢を広げてくれたことで、ファンの期待が高まったことは間違いない。

こうしてメガドライブは発売から2年目で、ようやくポテンシャルを発揮し始めた。

『ヴァーミリオン』

※17 アスミックはセガのアーケードゲームである『SHINOBI 忍』や『パワードリフト』をPCエンジン向けに、『獣王記』をファミコン向けに移植、発売している。またマイクロネットも『フリッキー』や『アッポー』『ロボレス2001』をパソコン向けに移植、発売しており、どちらもセガと関係が深いメーカーだった。

海外でGENESISを発売

同じく1989年には、メガドライブは北米市場で「GENESIS」と名を改めて発売された。これはアメリカで「メガドライブ」＝「Mega Drive」の名称がすでにほかの会社で商品名として使われており、商標が取れなかったからだ。

マスターシステムが北米で不発だったため、今回は同じ失敗を繰り返さないよう、セガは立ち上げを慎重に準備した。当時、北米の家庭用ゲーム機のシェアはずっとNES一強だった。再びNESへ挑戦するのは無理があるが、真のライバルは、未だ姿を見せぬ次世代機のスーパーファミコンだ。それが発売される前に、セガは少しでもGENESISのシェアを確保しようと考えていた。

夏の本体発売後、翌1990年にはさらに力を入れ、当時ブームだったF1をモチーフにしたレースゲーム『スーパーモナコGP』、名実ともに絶頂期のアーティストを主人公にすえた異色のアクションゲーム『マイケル・ジャクソンズ　ムーンウォーカー』、世界で最も愛されているディズニーキャラクターのアクションゲーム『アイラブミッキーマウス　ふしぎのお城大冒険』、さらにPCから参戦した北米大手メーカーEAによる『ジョン・マッデン フットボール』といった人気ジャンルや有名キャラクターによるビッグタイトルをリリースする。

GENESIS

『スーパーモナコGP』

１９９０年は欧州市場でもメガドライブは発売され、さらにシェアを広げたが、決してまだ成功とは言いがたかった。

これは日本でも同じで、あれだけ注目作を投入した１９８９年の年末を越えても、１９９０年はむしろ存在感が薄まっていた。

当時の人気タイトルを挙げると、まずファミコンだ。2月に『ドラゴンクエストⅣ』（エニックス）、4月に『ファイアーエムブレム 暗黒竜と光の剣』（任天堂）と『ファイナルファンタジーⅢ』（スクウェア）が続けざまに出て、スーパーファミコン登場前夜の市場を華々しく輝かせた。そして11月には発表から2年経ってようやくスーパーファミコンが登場。発売ソフトは任天堂の『スーパーマリオワールド』に『F-ZERO』『パイロットウイングス』。さらに『ポピュラス』（イマジニア）、『アクトレイザー』（エニックス）、『グラディウスⅢ』（コナミ）に『ファイナルファイト』（カプコン）と、これでもかと各社から人気タイトルが登場した。

スーパーファミコンは後発となった分、カラフルなグラフィックと、サンプリング可能なPCM音源はメガドライブの性能を上回るものだった。またグラフィックの回転・拡大縮小機能は目を引く演出[※18]で、多くのゲームのタイトル画面で使われた。スーパーファミコンはまたたく間に普及し、ファミコン市場を受け継いでいく。

一方、メガドライブに先駆けて発売されたPCエンジンも、2年目に入ったC

※18
ちなみにセガがメガドライブで当初実装しようとしていたのは、スーパーファミコンに実装された背景などに使われるBG面ではなく、スプライト（キャラクター）の回転・拡大縮小機能だったので、同じものではない。

D－ROM²向けタイトルに注目が集まった。特に１９８９年12月の『イースＩ・Ⅱ』（ハドソン）が大ヒット。１９９０年は3月に『スーパーダライアス』（NECアベニュー）も人気を博した。また、本体のみで遊べるHuカードタイトルも、8月の『ワルキューレの伝説』をはじめとしたナムコの人気アーケードタイトルの移植、そして12月にはファミコン初期のヒット作のリメイク版『ボンバーマン』（ハドソン）による5人同時パーティープレイの提案が行われ、盛り上がった。

唯一迷走したと言えるのが、表示能力をアップさせた上位互換機「PCエンジンスーパーグラフィックス」だ。PCエンジン3年目となる１９８９年12月に発売されたものの、３万９８００円と通常の本体の2倍近い価格が敬遠され、専用ソフトはわずか5本という、歴代ゲーム機の中でも最も残念な結果を残して去っていった。

メガドライブの１９９０年はというと、海外展開に期待されてか、タイトー、ナムコ、サンソフト、メサイヤ、ウルフチーム（日本テレネット）など名だたるメーカーが次々と参入し、かなりのにぎわいとなったが、日本のシェアは、ファミコンの数分の一だったPCエンジンをさらに下回っていた。サードパーティーにとっては「今後に期待し、とりあえず参入」というところであっただろう。

１９９０年のセガでのそのほかの話題としては、『コラムス』の登場がある。

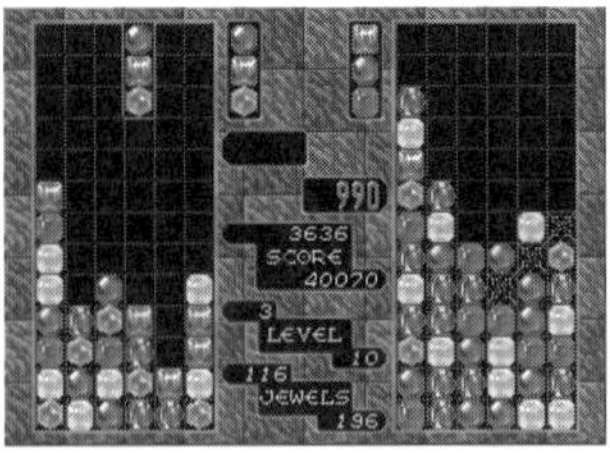

『コラムス』

アーケード版のリリースから1年以上経っても人気の衰えない『テトリス』は、引き続きゲームセンターでは大成功をおさめており、セガは『フラッシュポイント』『ブロクシード』といった姉妹作をリリースしたが、これらも当然テトリスと同じくメガドライブで発売することはできなかった。※19

ゲームセンターで『テトリス』に続くような、かつメガドライブにも移植可能な新たなアクションパズルゲームを目指して作られたのが『コラムス』だ。

本作も『テトリス』同様、やはり元々はセガのオリジナルではなく、アメリカ人プログラマーが趣味で作ったＰＣゲームだった。これをセガが発見し権利を買い取り、『テトリス』のときと同様に大幅にグラフィックとルールをアレンジして、アーケードとメガドライブでほぼ同時期にリリースした。

そして秋には任天堂のゲームボーイに対抗した携帯ゲーム機「ゲームギア」とともに、『コラムス』を同時発売。『コラムス』の人気は『テトリス』には及ばなかったものの、アーケード、メガドライブ、ゲームギアすべてでヒットし、その後も長年にわたって各機種で続編が作られ続けるベストセラータイトルとなった。また『コラムス』はアクションパズルで初めて「連鎖消し」の概念を生み出した功績も大きく、これがのちに『ぷよぷよ』へと繋がっていく。

徐々にではあるがユーザーを増やしつつあったメガドライブにセガは手ごたえを

※19
『フラッシュポイント』は『テトリス』のライセンスなしでの発売もできるのではと検討していた節があり、メガドライブ版まで開発、完成させていたが、こちらも同じくお蔵入りとなっている。この幻のメガドライブ版はプレイステーション2用『テトリスコレクション』で初めてプレイ可能となった。

感じ、1991年夏ごろとされたスーパーファミコン改め「SNES[※20]」の海外進出タイミングにターゲットを絞り、ポストマリオとなる新作ゲーム『ソニック・ザ・ヘッジホッグ』の開発を着々と進めていた。

この頃の僕はといえば、この1990年に多摩美術大学へ入学、映画制作を学んでいた。短編作品のBGMにゲームボーイ版『テトリス』の音楽[※21]を使ってみたりはしたものの、これまでのように学校でゲームの布教活動をすることはなかった。家では黙々と『コラムス』に励んでいたが、たまにゲーセンで『コラムス』をプレイするという、同じ学科の女性のほうがずっとうまくて驚いた。また、そんなことでも、TVゲームが世間で浸透してきていると感じられたりしてうれしかった。

シャイニングシリーズの誕生とRPG

日本のメガドライブは、1990年度末までの2年半で150万台を販売した。一方で任天堂のスーパーファミコンは発売4カ月でその数に並んだ。実際、スーパーファミコン本体は発売以来ずっと店頭でも売り切れが続いており、このままメガドライブを抜き去っていくことは明白だった。

日本のゲーム市場は、ファミコン、ゲームボーイを加えた任天堂の3種のゲーム

※20
「Super Nintendo Entertainment System」の略。一般的には「スーパーニンテンドー」と呼ばれていた。

※21
どうでもいい話だが、音楽アルバム『ゲームボーイミュージック／G.S.M.Nintendo 2』に収録されていた、高西圭氏アレンジのType-Bのテーマ。

機が上位3機種を占め、それに次ぐのはＰＣエンジンだった。メガドライブが今後どのように存在感を示せるのか、１９９１年の活躍が命運を握っていた。その先鋒となったのが3月に発売されたＲＰＧ『シャイニング&ザ・ダクネス』である。

１９９０年のＮｏ．１ソフトは間違いなくファミコンの『ドラゴンクエストⅣ』（エニックス）だったが、このゲームのチーフプログラマーの一人であった内藤寛氏が、アシスタントプロデューサーの高橋宏之氏を誘い独立。ライバル機であるメガドライブ向けのＲＰＧを制作するという発表会をセガが行ったのは、『ドラクエⅣ』発売から半年後、スーパーファミコン発売2カ月前の１９９０年9月だった。

この『シャイニング&ザ・ダクネス』発表会は「任天堂ＶＳセガ」という挑戦的な報道記事もあって話題となり、発売日の朝にはソフトを求める人々の行列ができたという。これはメガドライブのソフトでは初めてのことだった。

『シャイニング&ザ・ダクネス』は、すべての画面を主観視点で描くという、今では当たり前だが2Ｄ時代には非常に斬新だった演出技法も支持され、業界でも一定の評価を受け、その後海外でもヒットした。

内藤氏らが興した開発会社のクライマックスは、1年後の１９９２年の3月には、続いて『シャイニング・フォース　神々の遺産』をリリース。任天堂の『ファイアーエムブレム　暗黒竜と光の剣』（１９９０年）の影響下にあったと思われる、シ

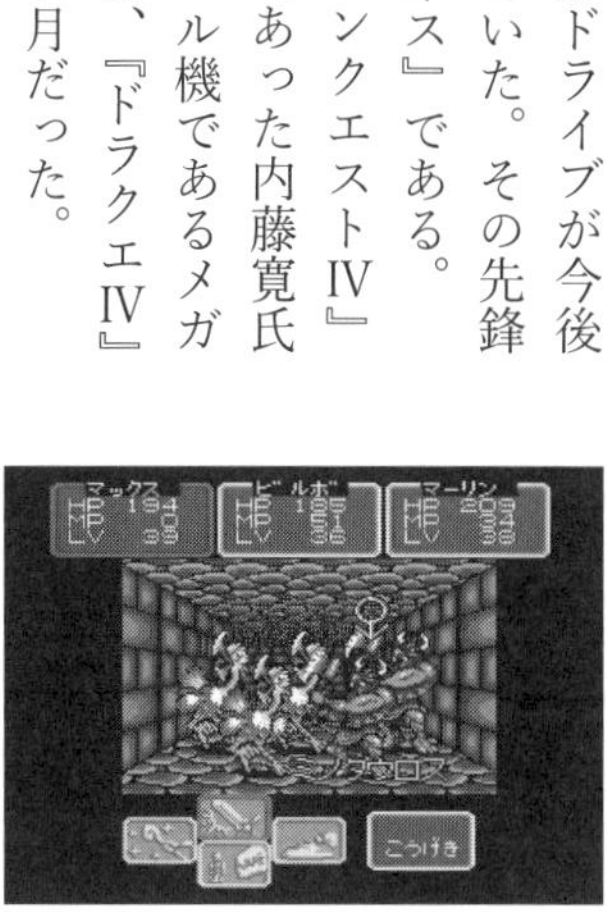

『シャイニング&ザ・ダクネス』

「シャイニング&ザ・ダクネス制作発表会」（１９９０年9月）

ミュレーション色の強いこのRPG[※22]は、全世界でさらなる成功をおさめ、シャイニングシリーズを一気にトップブランドにした。

その一方で、看板RPGだった「ファンタシースター」シリーズはというと、1990年の『時の継承者 ファンタシースターIII[※23]』以降、新作の話は出なくなってしまった。

しかしドラクエ、FFのヒット連発で一番の人気ジャンルになったRPGは、他機種では続々と新作が発売されており、シャイニングシリーズだけでは心もとない状況ではあった。

そんなこともあってか、セガはこの年、ソフトの開発を強化するため子会社を次々と作る。セガと関係の深かった会社、サンリツ電気のスタッフによる新会社のシムス、『シャイニング&ザ・ダクネス』を開発したクライマックスからの分家となるソニック、そして有名PCゲームメーカーである日本ファルコムとの共同で生み出したセガ・ファルコムなどである。セガはこれらの会社へ主にRPGを制作させて人気ジャンルの強化、ラインナップの拡充を図った。

また5月には日本IBMとの共同開発による、パソコンとメガドライブの融合マシン「テラドライブ」を発売し、久々にホビーパソコン市場へ参戦した。しかしIBMとの共同体制がスムーズに進まなかったこともあり、開発が長期化。発売されたときには1世代前のCPUが搭載されていたテラドライブは、進化の速いPC市

※22
俗に「シミュレーションRPG」と言われるジャンルのこと。『大戦略』などのシミュレーションゲームのユニットを無機質な兵器ではなく、名前を持った人にするなどして個性を持たせたもので、育成したユニットをキャンペーンで持ち越していけるところが特徴。『ファイアーエムブレム』が始祖というわけではなく、1988年にPC向けにファンタジー世界を舞台としたシミュレーションゲームが同時多発的に出ていて、その辺に源流があるとされている。

※23
外伝的な作品ではあるが、『II』までのスタッフがまったく関わっていないわけではない。シナリオは、

場では通用せず、発表とほぼ同時に世間から忘れられていった。

　余談だが、セガはこの1991年の1月、アーケード用システム基板「システム32」をリリースしている。セガ初の32ビット基板は、かつて『アフターバーナー』に使われた専用基板、Xボードの2倍以上の性能を持っていた。第1弾『ラッドモビール』も体感ゲームとして発売。最高峰のゲームが安価なシステム基板で作れてしまうという、極まったスプライト性能をアピールした。そしてこのシステム32は、約4年後に登場する家庭用ゲーム機「セガサターン」の基礎となっている。

セガの看板タイトル『ソニック・ザ・ヘッジホッグ』

　再び世界市場に目を向けると、北米でも引き続き任天堂が圧勝状態だった。GENESISは発売から2年経った6月時点で140万台。残り半年の1991年中に200万台を目指すとしたが、3000万台到達も時間の問題となっていた王者NESの一強状態は決して揺るがなかった。とはいえ、ここまではある程度想定どおりだ。

　そこへいよいよ北米にもSNES（スーパーファミコン）がやってくる。SNESは7月の発売を予定しており、年内250万台を販売目標としていた。ここがGE

前2作の青木千恵子氏の弟子にあたる人物が担当している。彼はセガを退職後、「川崎草志」の名で小説家としてデビュー。当時のセガのゲーム開発風景がリアルに描写されている処女作『長い腕』（角川書店）は、第21回横溝正史ミステリ大賞を受賞している。

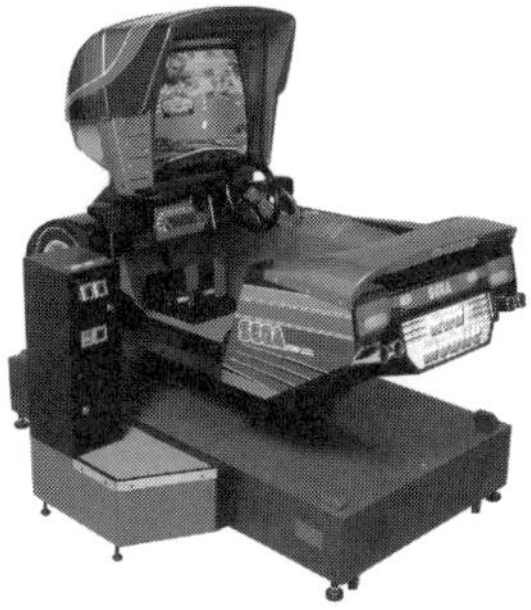
『ラッドモビール』

NESISの正念場であった。

GENESISのアドバンテージはSNESよりも2年早く発売していることだ。100種類を超えるソフトウェアはもちろん、価格でも勝負ができる。任天堂が発売時にSNESと『スーパーマリオワールド』のセットを200ドルで販売すると発表したところ、即座にセガは190ドルだった本体を150ドルへと値下げした。そしてこのときに本体に同梱するソフトもこれまでの『獣王記』から、いきなり新作に切り替えた。それが『ソニック・ザ・ヘッジホッグ』である。

今もセガの先頭を走り続ける『ソニック・ザ・ヘッジホッグ』は、この1991年に誕生した。メガドライブの初期1年で3本のゲームを次々に手掛けた、セガきってのプログラマーである中裕司氏に、『ファンタシースター』などを手掛けたデザイナーの大島直人氏、そして若手プランナーの安原広和氏の3人が中心になって開発したアクションゲームだ。

「ポストマリオ」という、一見無謀ともいえる高い目標を立てて作られたこのゲームは、中氏が『大魔界村』の移植経験で磨いた横スクロールアクションにスピード感や疑似回転演出をプラス。そこへ大島氏によるユニークなキャラクター、安原氏によるステージギミックのおもしろさがうまくマッチし、セガのアクションゲーム

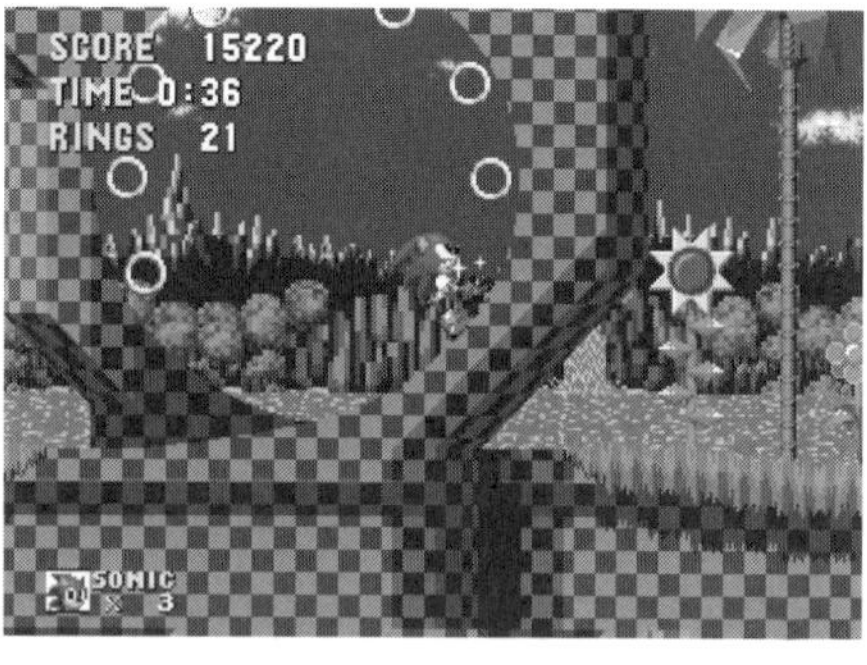

『ソニック・ザ・ヘッジホッグ』

の完成形とも言えるものになった。さらに1989年のデビューアルバムがいきなり大ヒットした人気グループ、DREAMS COME TRUEの中村正人氏による軽快でメロディアスな音楽が加わり、これまでのセガにはない、ポップで垢ぬけたゲームとなった。

セガは日本でもこのソニックを宣伝するために、ゲームセンターでブームの兆しを見せていた「UFOキャッチャー」の新型機「NEW UFOキャッチャー」の筐体にソニックのイラストをプリントし、作動中のBGMを『ソニック』のゲーム音楽にしたり、前述した『ラッドモビール』のゲーム内にマスコットとしてソニックを忍ばせたりするなど、全社を挙げてアピールを行った。

しかし日本以上に『ソニック』の可能性を見出したのは北米だった。

北米のセガ・オブ・アメリカ（SOA）は、「ポストマリオ」として『ソニック』の持つ「スピード感」を強調。SNESの発売に合わせて挑発的な比較広告を打った。これまでのGENESISのプロモーションは、ゲーム名に冠した有名スポーツ選手やタレントなどを使ったものが中心だった。ゲームキャラクターも『獣王記』や『ゴールデンアックス』のような肉体派キャラクターが多く、それ以外も『トージャム&アール』のようなクセのある珍妙なキャラクターだった。セガはマリオのように誰でも親しみやすく、かつクールなキャラクターを欲していたのだ。

ソニックをマリオに挑戦させる北米でのＣＭは、ちょっと生意気に見えるソニックのキャラクターと相まって、日本以上に海外で受け入れられブームとなった。市場では圧倒的な差を見せていた任天堂とセガなので、任天堂にしてみれば、象に蟻がかみついたくらいのダメージだったかもしれない。しかし結果としてＧＥＮＥＳＩＳは、計画を大きく上回る１６０万台が販売され、セガは2年かけて売った数以上の台数をこの半年だけで売り切った。普及台数は累計３００万台となった。

もちろんクリスマスシーズンにはＳＮＥＳも大ヒット。年内だけで北米で２１０万台が売れたそうだが、目標としていた２５０万台には届かず、年明け早々に価格を１８０ドルへと下げてライバルに対抗した（ＳＮＥＳはコントローラーが2個、ＧＥＮＥＳＩＳは1個だったので30ドルの差はほとんどないとしていた）。この１９９１年末時点での北米の次世代機シェアはＧＥＮＥＳＩＳが61％、ＳＮＥＳが30％、「TurboGrafx-16」（北米版ＰＣエンジン）は9％だったという。

テレビ朝日のバラエティー番組『しくじり先生 俺みたいになるな!!』でメガドライブを紹介した際に有名になった、「クリスマスシーズンに飛行機をチャーターして本体を空輸した結果、ケネディ空港の倉庫がメガドライブでいっぱいになった」というエピソードは、この１９９１年末のことである。船で運ぶよりも早い分、当然輸送費はかなり高額になるので、セガの利益はまったくなかったはずだが、とにかくこのときは相手よりも1台でも多く本体を普及させ、シェアを獲得する必要があったのだ。

一方イギリスにセガヨーロッパを設立、欧州販売をいっそう強化した。『ソニック・ザ・ヘッジホッグ』はイギリスを中心に欧州でもヒット。この年最も売れたゲームソフトだったということである。※24

余談だが、８ビット時代のセガのマスコットキャラクター「アレックスキッド」を生み出した「オサールコウタ」こと林田浩太郎氏に、ソニックがアレックスキッドに代わってセガの看板キャラクターになったことをどう思うかを以前聞いたことがある。彼は「当時、僕は彼らの上司だったんだよ。だからある意味僕だって、ソニックの生みの親の一人さ。だからなんでもないよ」と笑って答えた。

CD-ROMを巡る「メガCD」と「PCエンジンDuo」の戦い

再び話を日本に戻す。1991年は、もう1つの戦いも始まっていた。CD-ROMである。世界初のCD-ROMのゲームシステム「CD-ROM²」をPCエンジンが発売したのが1988年末だったが、それに遅れること2年半。この年の6月、ついに任天堂とセガは、それぞれCD-ROMドライブを発表した。

その間、PC市場でもCD-ROMドライブ搭載のホビーパソコンが発売されて

※24
マスターシステムが好調だった欧州では、このときのソニックの販売本数は、メガドライブ版が30万本だったのに対し、マスターシステム版は50万本だったということだ。

いた。富士通の「FM TOWNS」やNECの「PC-8801MC」だ。しかしどちらもやはり値段がネックとなっていた。セガもメガドライブの発表時は、当時一般的な保存手段だったフロッピーディスクドライブを予定していたくらいで（結局未発売に終わった）[※25]、CD-ROMについては発表時の拡張計画の中にはなかった。しかしPCエンジンの一定の成功や、540MBの大容量が魅力で、その後研究を進めていた。

先に発表を行ったのは任天堂だった。6月、オランダのフィリップス・エレクトロニクス[※26]との共同開発により、スーパーファミコンのCD-ROMシステムを発売すると突如告知したのだ。まだ発売から半年ほどしか経ってないスーパーファミコンの追加ユニットの登場は、CD-ROMという技術が一過性のものではなく、将来的にも明るいものであるということを示していた。

ところが話はまだ終わらない。任天堂の発表の直後、今度はソニーから、やはりスーパーファミコン用の別のCD-ROMドライブを発売するという発表がされたのだ。後日そのソニー製ドライブは「プレイステーション」と呼ばれることが明らかになった。1つのハードから、互換性のない2種類のCD-ROMドライブが出るのかと、この発表は混乱を呼ぶことになった。結局スーパーファミコン用のCD-ROMシステムは、詳細が不明のままどちらも発売を延期し続け、ついに発売

※25
メガドライブのフロッピーディスクは、追加データの提供などを想定しており、『スーパー大戦略』の追加マップや、『ソーサリアン』の追加シナリオなどが計画されていた。しかし、フロッピーディスクという媒体自体が急速に過去の物となっていたため、開発中止となった。なお、ディスクには1MBの容量を持つソニー製の2インチフロッピーを予定していた。

※26
CD（Compact Disc）の技術、フォーマットは、フィリップスとソニーの共同開発によるものである。フィリップス自体も「CD-i」規格というCDを使った双方向メディアのフォーマットを提唱し、専用ゲームも発売していたが、

されることなく終わる（そして3年後、ソニーは自社独自のゲームハードへと進化させ、セガ、任天堂と闘うことになるがそれはまた先の章にて）。

さて、このスーパーファミコンの混乱した発表直後にセガが公開したのが、メガドライブ用周辺機器「メガＣＤ」だった。発売日は秋から12月に延期されたものの、なんとか年内発売を実現した。

メガＣＤの特徴は、ただ単純にＣＤ－ＲＯＭドライブを追加しただけではなく、機能拡張を多数組み込んでいたことだ。まずメガドライブ本体よりもさらに高性能の６８０００ＣＰＵを追加で搭載。さらに回転・拡大縮小機能やＰＣＭ８音のサウンドを搭載し、スーパーファミコンとの機能面での差をほぼなくした。

メガＣＤは発表直後の東京おもちゃショーで実機が展示された。この商品の最大の問題はやはり価格で、本体の2倍以上となる4万９８００円だったことだ。メガドライブ本体と合わせると7万円を超える。

それでもＰＣエンジンＣＤ－ＲＯＭ^{2}を構成する合計金額、約8万５０００円よりは安い。これなら後発でも有利な勝負ができるかと思った矢先、ＰＣエンジンは「スーパーＣＤ－ＲＯＭ^2」システムという上位規格と、ＣＤドライブ一体型の新型機「ＰＣエンジンＤｕｏ」を発表した。

「スーパーＣＤ－ＲＯＭ^2」システムは、移行に９８００円の新しいシステムカー

こちらは普及せずに終わった。ただ、この時に任天堂と契約が交わされたのか、CD－i向けに任天堂のマリオやリンクの登場するゲームソフトが発売されている。

メガCD

ドを追加購入する必要があったが、RAMの容量を元の4倍となる2Mビットまで増加し、最大の弱点を補っていた。そして新型機のDuoは、この新システムカードをあらかじめ内蔵。Duoの価格は5万9800円と決して安くはなかったが、新カード分の価格も含めれば約3万5000円の値下げとなり、メガドライブの本体とメガCDを合わせた値段より1万円以上安い。発売も9月と、メガCDより早かった。この発表は高く評価され、PCエンジンCD-ROM^{2}普及にはずみを付けた。

12月に発売されたスーパーCD-ROM^{2}対応ゲームの目玉は『ドラゴンスレイヤー 英雄伝説』だ。日本ファルコムのRPGをハドソンが移植したヒット作『イースI・II』の組み合わせ再びということで今回も成功を収めた。また日本テレネットの新作RPG『天使の詩』も発売。こちらもオーソドックスなRPGであったがユーザーからの評価は高く、その後続編も作られた。

さらにこれまで家庭用ゲーム機では任天堂ハードのみの供給を守ってきたコナミが、ついにPCエンジンへ電撃参入。人気ゲームの『グラディウス』と『沙羅曼蛇』を発売し、大きな話題となった。

一方メガCDはというと、メガドライブの本体発売時と違い、多くのサードパーティーが参入したものの、発売同時期にソフトはわずか6本のみ。※27 ゲームアーツの

※27 メガCDのセールスポイント
しかも6本のうち『ヘビーノバ』（マイクロネット）、『ソル・フィース』（ウルフチーム）、『アーネストエバンス』（ウルフチーム）の3本は、その後海外向けにはカートリッジソフトとして発売された。つまりムービーやBGMを除くと、メガCDの機能をまったく使っていなかったことが露呈され、日本のファンはショックを受けた。

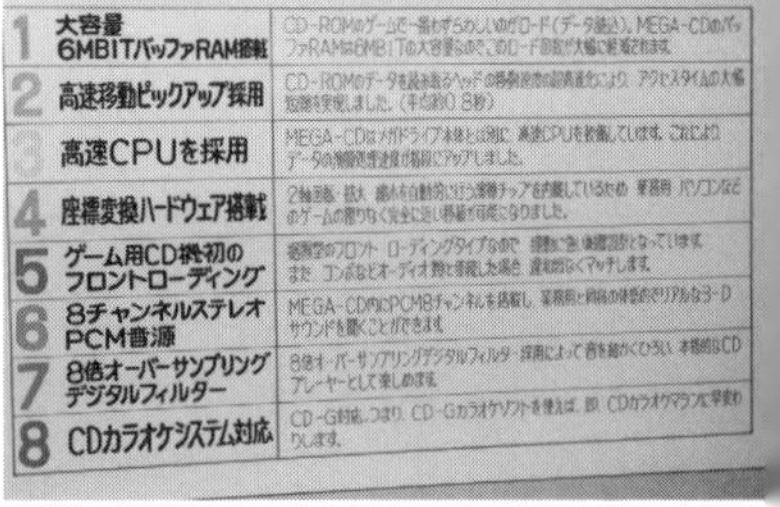

歴史SLG『天下布武』だけは、実写映像や膨大な武将データなどCDならではのゲームとして評価されたが、それ以外のゲームはこれまでと大差のないアクションゲームがメインで、CDが得意とされていたRPGは『惑星ウッドストック ファンキーホラーバンド』1本。それも発売を間に合わせるための見切り発車としか思えないボリュームと品質だった。発表会で語られていた、夢のスペックを生かしたソフトは見当たらない。しかも本体の数も十分にそろえられなかったようで、店頭からは早々と消え、3年前の本体発売時以上に静かなスタートを切った。

それでもメガドライブは、カートリッジソフトに限れば、先に語った『ソニック』『シャイニング』以外も充実しており、年間を通じて話題作が続いた。あの『スーパー大戦略』をセガが独自進化させ歴史SLGとした『アドバンスド大戦略 ドイツ電撃作戦』、『ザ・スーパー忍』チームによるベルトスクロールアクション『ベア・ナックル　怒りの鉄拳』、『ヴァーミリオン』のスタッフによるカルトRPG『レンタヒーロー』などの話題作がこの年に発売されている。

サードパーティータイトルも、ナムコの『レッスルボール』や『ふしぎの海のナディア』、メサイヤの初代『ラングリッサー』など移植ではないメガドライブオリジナルの話題作が続いた。また大手メーカーでは光栄が新たに参入し、定番の人気シリーズ2作『信長の野望　武将風雲録』と『三國志Ⅱ』を移植するなど、ジャン

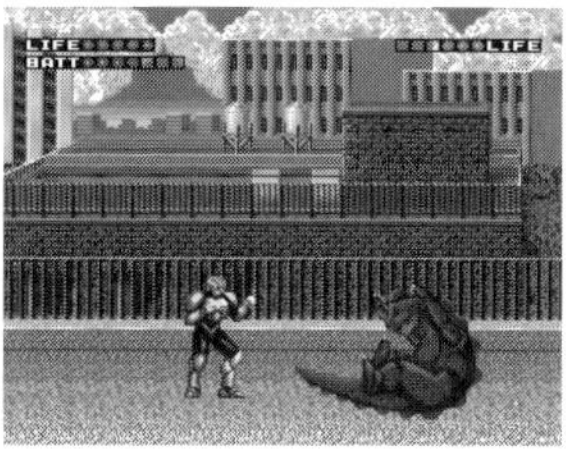

『レンタヒーロー』

ルのすそ野も広がっていく。こうして1991年末を待たずに日本でのメガドライブもようやく200万台を突破。市場でも一定の存在感を残すことができた。

とはいえスーパーファミコンの普及スピードは驚異的だった。ソフトも、家庭用向けの見事なアレンジが話題となったSLG『シムシティ』(任天堂)を春に、スクウェアの人気RPG『ファイナルファンタジーⅣ』が夏に、カプコンの家庭用オリジナル新作となったシリーズ第3作『超魔界村』が秋に、シリーズの人気を決定づける『ゼルダの伝説　神々のトライフォース』(任天堂)が冬にと、つねに話題作が投下され続けた。スーパーファミコンは1991年末までに約400万台を出荷、たった1年でメガドライブのほぼ倍の市場が生まれていた。

日本の景気が大幅に後退し、その後30年下降を続けるきっかけとなる「バブル崩壊」はこの1991年から始まっていたのだが、一般人にとって好景気の余韻はあり、なんとなくそのうち再び好転するんじゃないかという根拠のない楽天的な空気の中、TVゲーム業界もまだまだ拡大していくように見えた。

1992年、メガドライブの主戦場はアメリカへ

『ソニック・ザ・ヘッジホッグ』は1991年度だけで、アメリカで160万本、

日本で40万本、欧州で30万本、合計２３０万本が販売され、メガドライブでは断トツの歴代Ｎｏ．１ヒットタイトルとなった。

この善戦の結果、１９９２年に入って新たなゲームメーカーが続々とメガドライブに参入、さらに多くのタイトルがＧＥＮＥＳＩＳへ供給されるようになった。

発売されるソフトの数も１９９２年以降アメリカが日本を逆転し、北米では毎年１００本以上のＧＥＮＥＳＩＳ向けゲームがリリースされるようになった。当然、北米でしか発売されないソフトが増える。メガドライブの主戦場はアメリカに移されていく。

そんな中、日本の東京・秋葉原や、大阪・日本橋の、いわゆる「電気街」と呼ばれた地域のＴＶゲームショップでは、ある売り場が誕生していた。「輸入ゲーム売り場」である。１９９０年、スーパーファミコンのローンチソフトの１つ『ポピュラス』は神の視点でプレイするこれまでにない斬新なゲームとして話題となったが、北米ではスーパーファミコンに先駆け、ＧＥＮＥＳＩＳで発売されていたということが雑誌などで知られていた。

当時のＧＥＮＥＳＩＳのソフトは実はほぼそのまま日本のメガドライブでも動作することがわかっていた。そこで一部のゲームショップがこのＧＥＮＥＳＩＳ版『ポピュラス』を取り寄せて販売してみたところ、これがスマッシュヒット。売り場を拡大しさまざまな輸入ゲームを扱うようになり、全盛期には数十本のＧＥＮＥ

SISのゲームが店頭に並んだ。※28

当時、渋谷や新宿では、タワーレコードやHMV、WAVEなどといったCDショップが輸入CDを取り扱い、世界のヒット曲をいち早く聴こうとファンが買い求めていた。同じように秋葉原では、正体不明の海外ゲームを簡単な紹介文とパッケージイラストだけで「ジャケ買い」して未知のゲームを楽しんでいた。

そのうち買ったゲームの感想をミニコミ誌や同人ペーパーで共有するようになり、メガドライブファンが、どんどん深いところへ進んだのもこの時期かもしれない。

そして発売2年目を迎えた本命のスーパーファミコンは絶好調。名だたるRPGだけでも1月に『ロマンシング サ・ガ』（スクウェア）、9月に『ドラゴンクエストV』（エニックス）、10月に『真・女神転生』（アトラス）、12月に『ファイナルファンタジーV』（スクウェア）と、これだけ出ている。加えて8月に『スーパーマリオカート』（任天堂）があり、6月にはあの『ストリートファイターII』（カプコン）が発売された。

1991年3月、ゲームセンターに登場した『ストリートファイターII』は、対戦格闘ブームの火付け役となったタイトルだ。対人戦のおもしろさにみんなが気づいてからはさらにその人気を伸ばし、見知らぬプレイヤー同士の対戦が行われるようになった。これにより、「インベーダーブーム」以来1人プレイ、2人協力プレ

※28
こうして輸入された話題作のうちの1本があの『ソード・オブ・ソダン』だった。のちにセガは『ポピュラス』を日本向けのライセンスを取得し正規発売するが、権利元のEAから一緒にライセンス取得したのがソダンで、こちらも日本で正規販売されることになった。その結果、ソダンは日本で「奇ゲー」「キング・オブ・クソゲー」として不名誉な名を残すこととなる。

イが基本だったゲームセンターのプレイ風景を一新させた。

スーパーファミコン版の発売はアーケードの登場から1年以上経っていたが、ゲームセンターでの人気は落ちるどころか上向いていた。さらに対戦バランスを調整し、ボスキャラクターの4体も使えるようになった『ストリートファイターIIダッシュ』が1992年4月に登場して、いっそう盛り上がっていた。

このスーパーファミコン版『ストリートファイターII』は対戦格闘ブームをさらに拡大させ、最終的に国内だけで300万本、海外でも300万本、計600万本の大ヒットとなった。そしてこのゲームが家庭用で遊べるのはスーパーファミコンだけということで、ファンは本体や専用のジョイスティックとセットで買い求めた。

人気ジャンルの地位を不動のものとしたRPG、そして新たな対戦格闘ゲームの台頭。両方のブームの中心にいたのがスーパーファミコンだったのだ。

一方でブームの去っていったジャンルもある。花形だったシューティングゲームがそうだ。メガドライブは7月、あの「サンダーフォース」シリーズの最新作『サンダーフォースIV』（テクノソフト）を発売した。同時期にはPCエンジンでも「キャラバンシューティング」※29の集大成『ソルジャーブレイド』（ハドソン）を発売しているが、どちらもその完成度の高さとは裏腹に販売では苦戦。ともにシリーズを一時終了させることになる。

『サンダーフォースIV』

※29 ハドソンが毎年夏に行ってきた全国ゲームキャラバンのイベント公認ソフトのこと。1985年のファミコン版『スターフォース』以来、ほとんどの年でシューティングゲームが競技ソフトになっていたが、シューティングゲームの人気がなくなってしまったため、『ソルジャーブレイド』が最後のキャラバンシューティングとなった。

また定番であるアクションゲームも人気に陰りが出てきた。メガドライブは『ソニック』に続き、低年齢層のファン獲得を目指して4月に『まじかる☆タルるートくん』、7月に『炎の闘球児ドッジ弾平』をそれぞれ3880円という、かつてない低価格で発売した。しかし、本体価格2万1000円のハードルが越えられなかったのか、子供たちの注目を浴びるまでにはいかなかった。[※30]

この年のメガドライブのヒット作は、前項で紹介した『シャイニング・フォース 神々の遺産』(3月)、『アイルトン・セナ スーパーモナコGPII』(7月)、『ランドストーカー 皇帝の財宝』(10月)などがある。やはりメガドライブでもRPGが欲され、レースゲームも人気だった。日本全体のゲームファンの指向は完全にRPG、それもアクションRPGやシミュレーションRPGではない、コマンドバトルのオーソドックスなRPGを求めているようだった。

メガドライブのRPGでは、『LUNAR ザ・シルバースター』(ゲームアーツ)が6月に発売となったが、これはメガCD向けで、そのときのメガCDの販売台数はわずかに20万台。メガCDの普及には貢献したかもしれないが、メガドライブを持っていない人にはほとんど注目されなかった。

メガCDは引き続き苦難が続いた。1992年、年間を通して日本で発売された

※30
ただし、この頃のゲームショップでメガドライブを定価で販売している店は稀で、2万円を大きく切る値段で売られていたようだ。

メガCDのソフトはわずかに22本。対してライバルとなるPCエンジンのCD－ROM²ソフトはこの年だけで92本もあった。この92本という数は、１９８８年に初めてCD－ROM²が登場してから、１９９１年までに発売されたCDソフトの総数と同じである。逆にHuカードのソフトは１９９２年内にわずか28本まで減っていた。PCエンジンのファンは完全にCD－ROM²へと移行していた。

対応ソフトも『天外魔境Ⅱ　卍MARU』（ハドソン）が3月、『スナッチャー』（コナミ）や『銀河お嬢様伝説ユナ』（ハドソン）が10月、『ドラゴンスレイヤー英雄伝説Ⅱ』（ハドソン）が12月と、ビジュアルシーン満載の大作が次々と発売され、CD－ROMの恩恵を存分に受けていた。ソフト面でも先行するPCエンジンにメガCDは圧倒されていたのである。

１９９２年の春にはメガCDの一体型マシン「ワンダーメガ」が日本ビクターとセガから登場した。しかしCDカラオケ再生機能を新たに追加したことなどにより、専用ソフトを同梱した日本ビクター版が8万２８００円、セガ版が7万９８００円という価格となり、安くなるどころか、メガドライブとメガCDの合計額よりも高額でのリリースとなった。そのためライバル機のPCエンジンDuoのような大きな逆転は起こせないまま、ひっそりと売られていた。※31

※31
日本ビクター版ワンダーメガは、メガCD2発売後の1993年7月にリニューアルされ、「ワンダーメガ2」として発売された。しかし価格は5万9800円と、やはりメガドライブ2とメガCD2を足した額よりも高かったため、普及はしなかった。ただし一体型ならではのスマートなデザインやワイヤレスパッドを標準搭載していることなど評価できる点も多く、愛好者もいた。

また、メガCDはこの年、北米市場でも「SEGA CD」と名前を変えて10月に発売された。年内だけで30万台と日本以上の数を販売したものの、その後はやはり日本と同じく価格がネックとなり、ソフト不足へと連鎖して苦戦した。

苦難も多かった1992年だが、年末になってあの2大タイトルが登場する。『ソニック・ザ・ヘッジホッグ2』と『ぷよぷよ』だ。この2作はその後もメガドライブを語る上で重要な、ハードを代表する作品になっている。

『ソニック・ザ・ヘッジホッグ2』は、12月発売ながら、初年度全世界500万本という高い目標を掲げて全世界同時発売された。前作以上のプロモーションも功を奏し、予定を100万本上回る600万本の大ヒットとなる。本作は、前作の開発終了後に日本のセガからSOAへと移籍した中裕司氏が、アメリカに日本のスタッフを呼び寄せて日米のスタッフ合同で開発したタイトルだ。

GENESISはこの年だけでさらに400万台を売り、700万台まで普及。日本のメガドライブも300万台を目指せるところまで来た。

1992年のラストを締めくくったのは、12月に両国国技館で行われた「遊星セガワールド」というイベントだ。1万2000人のファンを招待して行われたこの催しは、日本のセガの歴史上では初めての大規模イベントだったと思われる。

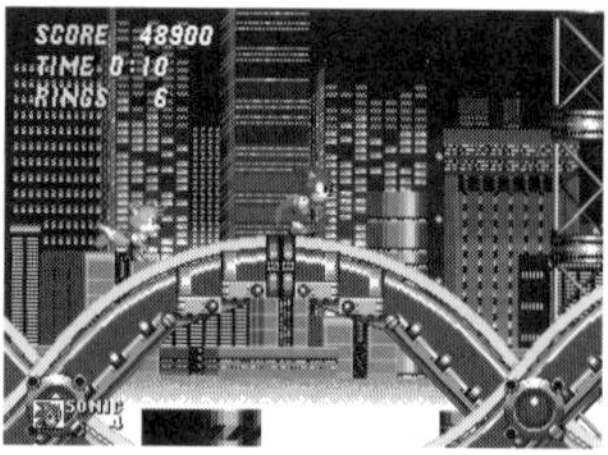

『ソニック・ザ・ヘッジホッグ2』

『ソニック・ザ・ヘッジホッグ2』発売時の模様

内容は『ソニック2』の発売を記念した新作展示会で、メガドライブの最新ゲームが体験できるだけでなく、最新のアーケードタイトル体験や、高橋由美子などアイドルによるステージが楽しめ、さらに24社ものサードパーティータイトルも展示された。その中には新たな参入メーカーとして、あのコナミの姿もあった。

翌１９９３年は日本での人気のピークであり、名作タイトルが多数発売されているが、それをいち早く体験できたのがこの「遊星セガワールド」だったのだ。

この頃の僕は、徳間書店インターメディア（ＴＩＭ）という出版社でアルバイトを始めていた。あの『ファミマガ』の出版社である。当時ＴＩＭは『ファミマガ』のほか、『テクノポリス』『ゲームボーイマガジン』『スーパーファミコンマガジン』『ＰＣエンジンＦＡＮ』など多数のゲーム雑誌を発行していた。もちろん僕は『メガドライブＦＡＮ』編集部を希望したのだが、配属されたのはなぜか『ＭＳＸ・ＦＡＮ』編集部だった。ＴＩＭでは学生アルバイトにも記事を書かせる。僕は新作ゲームの紹介記事や企画記事を任された。とはいっても当時の『ＭＳＸ・ＦＡＮ』は読者からの投稿プログラムが雑誌のメインだった。そこを担当していない僕は、好き勝手な企画記事を作っていた。読者に喜んでもらいたい、楽しませたいという気持ちはここで最初に学んだ。30年後にこうして本を執筆することができたのも、このときの経験があったからかもしれない。あらためて北根紀子編集長に感謝した

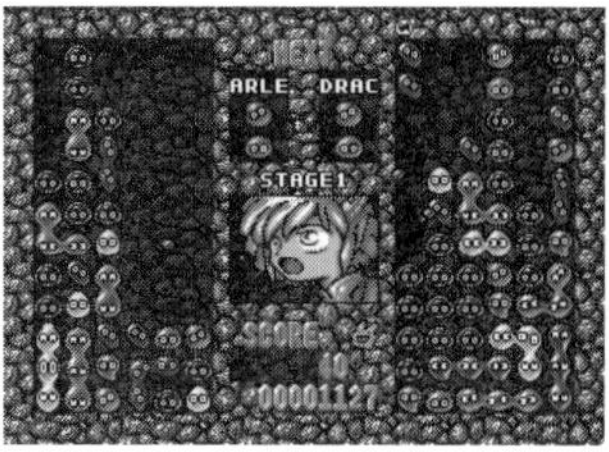

『ぷよぷよ』

遊星セガワールド（１９９２年12月）

い。

3Dブームの始まり『バーチャレーシング』

メガドライブから話題は離れるが、1992年には、その後のゲーム業界を一変させるきっかけとなった歴史的なタイトルがセガから登場している。アーケードゲーム『バーチャレーシング』だ。同年3月、セガは「MODEL 1」基板を発表し、8月に『バーチャレーシング』（VR）として正式登場させた。セガで初めての本格的な3Dポリゴンのレースシミュレーションゲームだった。

もちろん業界全体で見れば3Dポリゴンのゲームはこれが初めてではない。ナムコは80年代初期から早くもポリゴンの研究を続けており、レースゲーム『ウイニングラン』をアーケードでリリースしたのは1989年のことである。同時期にはアタリからも『ハードドライビン』が出ており、メガドライブにも移植された。『スタークルーザー』（アルシスソフトウェア／メサイヤ、1988年）というPC、メガドライブで発売された傑作アドベンチャー＆シューティングもある。

『バーチャレーシング』がこれまでの3Dゲームと大きく異なっていたのは、箱庭世界の実在感、描画の滑らかさであった。本作が3月に初公開されたときのタイトルは『BV』だったが、これは「Beautiful Visual」の略だ。『バーチャレーシング』

1992年8月のアミューズメントマシンショーで展示された『バーチャレーシング』

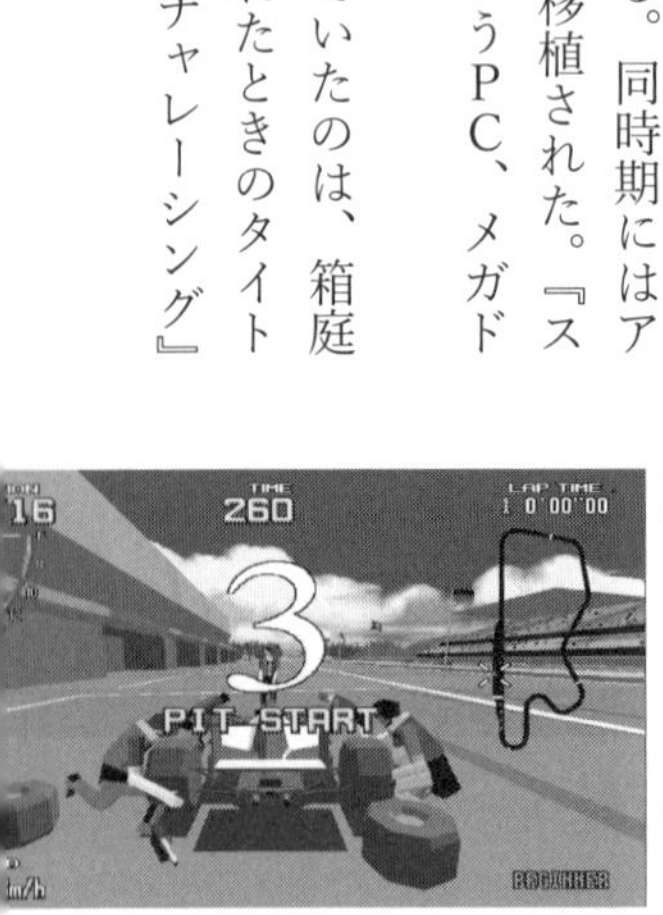

の世界には、コースの中に美しい森が広がり、観覧車の回る遊園地があり、海や山があった。過去、そういった現実的な日常の風景をリアルタイムＣＧで再現し、かつ滑らかに30ｆｐｓで描画している映像は世界でも初めてのことだったのだ。

セガの技術力の粋を集めたＭＯＤＥＬ１タイトル『バーチャレーシング』は大ヒット。翌年の『バーチャファイター』が誕生するきっかけとなる。さらにその先の「ＭＯＤＥＬ２」を生み出すＧＥ（ゼネラル・エレクトリック）とセガの技術提携も１９９２年10月のことであり、次世代ゲームの種は次々と撒かれ、またたく間に芽吹いていた。

この流行に任天堂が敏感に反応したのか、１９９３年2月にはスーパーファミコンで『スターフォックス』がタイムリーに登場した。イギリスのアルゴノート社との共同開発の「スーパーＦＸチップ」という強化チップを搭載し、疑似的に３Ｄポリゴンのような画像を生み出すことができた。本作は『バーチャレーシング』以降の３Ｄポリゴン再評価の機運もあって高い評価を得、家庭用の３Ｄゲームでは初めてと言える大ヒット作となった。

一方でスーパーファミコンのＣＤ－ＲＯＭドライブについては、さすがに「どうやらこれは発売されなさそうだ」という空気が漂っていた。そんな追加周辺機器を出さなくても十分やっていけてしまっている上に、セガの苦戦ぶりも見ていたのだろう。このCD-ROMへの敬遠姿勢が、のちにカートリッジ方式を採用した任天堂の次世代機「ニンテンドウ64」を生む。

CD-ROMの代わりに任天堂が力を入れていたのがゲーム配信サービスについての挑戦だった。1993年3月、衛星放送によるラジオ局「セント・ギガ」への出資を発表し、スーパーファミコン用のデコーダーを1994年4月に9800円で発売するとした。衛星放送を通じたゲーム配信という未知のチャレンジである。

実際にこの「サテラビュー」システムは1995年に1万8000円で発売されたが、時代はセガサターンとプレイステーションが戦う次世代機ブームの最中ということもあって大きな話題にはならなかった（2000年までサービスは続けられた）。宇宙からゲームが降ってくるという未来的な感覚は、当時も今もちょっと想像しづらいものだったが、振り返るとなかなかおもしろい試みだったかもしれない。

そして任天堂と同じ頃、セガも北米市場でより現実路線のゲーム配信計画を進めていた。1993年4月、北米ではメジャーなケーブルTV局であったタイムワーナーやテレコミュニケーションズと提携し、ケーブルTVを通じたGENESISのゲーム配信を発表する。6月にはセガ・チャンネル社を設立し、100万世帯の加入を目指した。おそらく世界で初めてのブロードバンド配信ゲームサービスだ。

年末にはサービスを開始し、翌年の6月には日本各地のケーブルTV局でもほぼ同じサービスを始めている。北米では１９９８年の夏までこのサービスは続いた。

ただし残念ながら、セガ・チャンネルは成功したとは言いがたい。サービスの開始時期がＧＥＮＥＳＩＳの末期であったことと、料金が１カ月で10ドル以上と高価だったため、加入者は予想を大幅に下回る結果となっていたようだ。

ＧＥＮＥＳＩＳのゲーム配信計画はこれだけではない。同じく１９９３年６月にはアメリカの最大手の電話会社ＡＴ＆Ｔが、ＧＥＮＥＳＩＳ向けのモデム「ＥＤＧＥ16」を１９９４年夏に１００〜１５０ドルで発売するとも発表した。

かつてセガは日本で１９９０年末に、アナログモデムによるメガドライブのゲーム配信サービス「ゲーム図書館」を開始していたが、[※32]当時の電話回線を使った通信は配信できるデータも少ないので簡単なミニゲームしか送信できず、ダウンロード時間も長くかかったため、[※33]２年ほどでサービス終了となっていた。

このＥＤＧＥ16は、ゲーム図書館に続く電話回線によるサービスとしてその実力に注目が集まったが、残念ながら翌年にはＡＴ＆Ｔの方針変更により、サービスは開始されないまま終わってしまった。[※34]

１９９３年、熾烈を極めるシェア争い

１９９３年最初のビッグニュースは、アメリカで発表されたＧＥＮＥＳＩＳの周

※32　開発は当時セガに在籍していたマーク・サーニー氏だった。彼はこのほか、マスターシステム用３－Ｄシステムも開発している。マーク・サーニー氏の華麗なプロフィールはここでは語り切れないので、ご存じない方はぜひ調べてみてください。

※33　１Ｍビット程度のゲームをダウンロードするのに約10分電話を繋ぎっぱなしにしなければならず、さらに保存するメモリもないので、電源を切ったらあらためてダウンロードが必要だった。

※34　セガはその後ドリームキャストのインターネットプロバイダーとしてあらためてＡＴ＆Ｔと提携している。

辺機器「バーチャセガ」（夏にSEGA VRと改名）だ。専用のヘッドマウントディスプレイとソフトをセットにして、年末シーズンまでに発売するという。「Oculus VR」の19年前、「プレイステーションVR」の26年前のことである。

「あれ？　そんなもの出ていたっけ？」と思った人は正解。本商品は、実像も明らかにならないまま最終的に未発売で終わっている。セガでも「10年早いんだよ！」と直前で立ち止まるプロジェクトもあるのだった。

4月にはメガドライブを廉価・小型化した「メガドライブ2」「メガCD2」が突如発売となった。価格はメガドライブ2が1万2800円、メガCD2が2万9800円と、合わせて3万円弱の値下げだ。合計しても4万2600円と、最初のメガCD単体の4万9800円よりも安い。ところがPCエンジンは3月にDuoの廉価機「Duo－R」を3万9800円で発売していたため、やはりメガドライブのほうが少し高かった。

セガはその後、メガドライブ2＋『ぷよぷよ』のセット販売を始めるなど、メガドライブ2の普及につとめた。

対戦格闘ブームにも動きがあった。3月にカプコンがメガドライブに参入を発表したのだ。これまでのカプコンのゲームはすべてセガが移植、発売していたのだが、

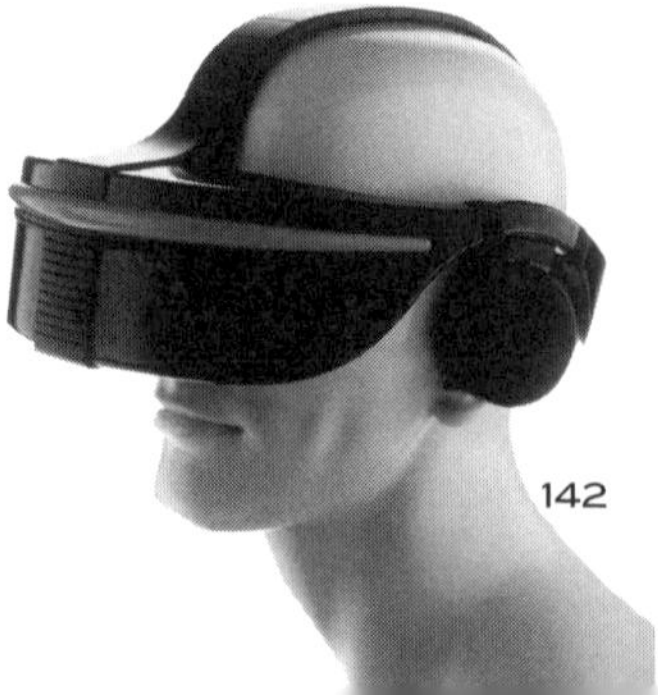
SEGA VR

メガドライブ2＋メガCD2

ついにカプコン自身が参加したのだ。6月に人気シリーズの第2作『ストリートファイターⅡダッシュ』を発売し、全世界のメガドライブで200万本を目指すと告知された。これも北米でのGENESIS善戦のおかげである。本命タイトルの登場となり、格闘ゲームに飢えていたメガドライブファンは沸き立った。

ところが実際6月に『ストリートファイターⅡダッシュ』が発売されたのはPCエンジン用のみだった（発売はNEC-HE）。しかも翌月にはスーパーファミコン向けにシリーズ第3作『ストリートファイターⅡターボ』が発売された。追加技が加わり、ゲームスピードも変更できるようになった『ターボ』発売直前に、中途半端な第2作の『ダッシュ』を求めるファンは少なく、PCエンジン版は移植度の高さとは裏腹に当て馬のような扱いになってまったく売れなかった。

メガドライブ版が発売されたのは9月になってからだったが、『ストリートファイターⅡダッシュプラス』とタイトル名が変わっていた。「プラス」とあるとおり、スーパーファミコン版ターボに加わっていた要素はすべて含まれていたため、歓迎され成功を収めた。

1993年のメガドライブはそのほか1月に『ベア・ナックルⅡ　死闘への鎮魂歌』、9月に『ガンスターヒーローズ』、10月に『シャイニング・フォースⅡ　古えの封印』、12月には待望のシリーズ第4作『ファンタシースター　千年紀の終りに』が発売。どれもが全世界で好評を得る。

『ベア・ナックルⅡ 死闘への鎮魂歌』

『ファンタシースター 千年紀の終りに』

『ガンスターヒーローズ』は、コナミで『魂斗羅』シリーズなどを制作していたスタッフが開発会社トレジャーとして独立し、メガドライブで突如デビューを飾ったタイトルだ。発売当時はノーマークだったこのアクションシューティングは、誰も見たことのない高度なプログラムを駆使した奇抜な演出と、プレイの爽快感でヒット。トレジャーはその後のタイトルでもメガドライブの性能の限界に挑戦していて、新作発売のたびに大きな盛り上がりを見せた。

　またソフト不足にあえいでいたメガCDも1月に『ゆみみみっくす』(ゲームアーツ)、4月に『ファイナルファイトCD』、7月に『シルフィード』(ゲームアーツ)と『3×3 EYES』、9月に『ソニックCD』、11月に『ナイトトラップ』、12月に『夢見館の物語』※35と、ゲームアーツのタイトルを軸に話題作がテンポよく発売されていき、1年を通してメガドライブに明るい未来を感じる年となった。

　さらに欧米ではその勢いは最高潮に達していた。人気コミックや映画のゲーム化作品として、春に『X-MEN』(日本未発売)、夏に『ジュラシック・パーク』、11月にはディズニーの『アラジン』※36が大ヒットした。また、年末にリリースされた『エターナルチャンピオンズ』は、『ストリートファイターII』や北米でヒットした『モータルコンバット』※37(アクレイム)の影響下で生まれたセガオリジナルの対戦格闘ゲームで、GENESISの看板タイトルを目指して作られたものだ。本作はその後も外伝を含む数作がGENESISやゲームギアで展開した。

※35
開発はシステムサコム。当初スーパーファミコンのCD-ROMプレイステーション用として準備されていたが、ハードが発売中止となりセガへ持ち込まれた。

※36
『アラジン』の映画公開は1992年だったが、ゲーム版はビデオ版の発売に合わせてリリースされた。アニメーターにキャラクターの動画を描かせて取り込んだという、かつてない滑らかな動きは、その後の2Dアクションゲームに大きな影響を与えた。

※37
『ストリートファイターII』のヒットに対抗して、アメリカのミッドウェー社がリリースした対戦格闘ゲーム。実写取り込み画像が特徴。

ちなみに名物広報として今も多くのセガファンの記憶に残っている竹崎忠氏がセガに入社したのもこの年の4月である。メガドライブ好きが高じてセガの親会社であるCSKからやってきた竹崎氏とともに、家庭用向けのパブリシティチームが（ようやく）誕生したことで、セガの専門誌がライバルハードのものよりも内容が深く濃くなっていくのも必然であったのかもしれない。

竹崎忠氏はセガハードを最後まで盛り上げ、現在はグループ会社のトムス・エンタテインメント※38の社長としてアニメ業界で活躍されている。

日本のスーパーファミコンはこの1993年末に『ドラゴンクエストI・II』（エニックス）を筆頭に、『ロックマンX』（カプコン）や『す～ぱ～ぷよぷよ』※39（バンプレスト）を発売し、1100万台を突破。対するメガドライブは300万台を超えたくらい。PCエンジンのCD-ROM^{2}シリーズは180万台程度という状況だった。現行機の日本での雌雄は完全に決していたが、こうしてメガドライブでしか遊べないおもしろいゲームが出続けるという恵まれた状況下では、日本のファンにとってもメガドライブに悲観的なイメージはなかった。

これも北米でGENESISがさらに躍進し、任天堂のSNESとともに翌年にかけてそれぞれ1300～1400万台と、ほぼ接戦だったおかげかもしれない。欧州も徐々に8ビット機から16ビット機へと移行が進んでいたが、やはり北米と同

1992年にアーケードに登場、1993年9月に北米でSNES、GENESIS、ゲームボーイ、ゲームギアの4バージョンが同時発売された。特に残虐な描写が話題となったが、その点においてGENESIS版はSNESよりもアーケード版を忠実に再現したということで、特に成功した。今も続編がリリースされ続け、ハリウッドで何度も映画化されている。

※38
セガが老舗アニメ会社の「東京ムービー新社」買収を発表したのは1992年9月だった。現在のトムス・エンタテインメントである。

※39
当時の『ぷよぷよ』の版権は開発元コンパイルにあり、

様の戦いを繰り広げた。

しかし時代は確実に進み、戦いは新たなステージを迎える。家電大手のソニーとその子会社ソニー・ミュージックエンタテインメントは10月末、新会社のソニー・コンピュータエンタテインメントを翌年1月に設立すると発表。続いて11月にはこの新会社が開発中という新ハード「PS-X」にナムコ、コナミが参入というニュースが舞い込んでくる。ソニーと「PS」というイニシャルにゲームファンは驚いた。スーパーファミコン用CD-ROMドライブとして発表されたあの幻のハード「プレイステーション」が、新たに専用ゲーム機としてよみがえったのであった。

さらに北米では、かつての王者・アタリによる新ゲーム機「ジャガー」、そして松下電器やサンヨーなど家電メーカー大手が参戦する共通規格・32ビット次世代機「3DO」が、それぞれ発売を開始した。

そこへさらに「日立製の新チップを使ったセガの新型機が1年後に製品化」というニュースまでもが報道される。メガドライブの次のハードが出る!? スーパーファミコンとの戦いが決着する前に、次の戦いは目の前に迫っていた。

実はこの2つのハードの発表よりも少し前に、歴史を大きく変えたかもしれない

コンパイルはセガに家庭用ゲーム機での1年先行発売という仁義を守りつつ、1年後にはライバル各社のハードへの移植を行った。

ターニングポイントがあった。それはセガとソニーがパートナーシップを結び、1つの次世代機で任天堂に対抗するという計画である。

これはセガの親会社であるCSKの大川会長とソニーの大賀典雄社長が懇意な関係であったことから始まったトップレベルでの提案だったが、結局具体的な話には進展せず物別れに終わった。

理由はいくつか考えられる。ひとつに、すでにセガは任天堂と互角に渡り合っていたため、この勢いはこれからも続き、自分たちだけで任天堂を追い抜けると信じていたからだ。一方でソニーは自分たちの作るハードこそが次世代機競争で勝利すると信じており、セガはハード開発をやめてソフトのみに特化するよう提案していた。

SC-3000のときには西和彦氏から提案され、マークIII誕生直前にも検討されたソフトメーカーとしての道。しかしこのときもセガはそれを選ばなかった。その後の未来を知る現在の我々から見ると、あまりに刺激的な歴史の分岐点である。

海外では拡大が続く一方、日本では雌雄が決する

1994年はスーパーファミコン一強となった状況とはいえ、ファミコン登場以来広がっていった市場自体は、拡大の一途とは言えなくなってきていた。ファミコ

ン登場から10年、バブル崩壊をものともせずに成長を続けてきた日本のTVゲーム業界であったが、この時期ついに立ち止まる。

16ビット市場に移ってからの開発費の高騰と、それにともなうゲームソフトの高価格化や、その結果生じた売れるソフトと売れないソフトとの落差、中古ゲーム市場の躍進なども あって、1994年3月期にもなると、すべてのゲームメーカーが減収減益となり大きな危機を迎えていた。その中には、人気メーカーだった東亜プランの任意整理や、アイレムによる開発部門の大幅な縮小などがあった。特にアーケード中心で活躍してきたメーカーの中で、次世代機の登場を待たずに撤退するところが現れ始めていた。

一方で北米市場はというと、こちらは1994年も拡大が続き、GENESISとSNESの一騎打ちも3年目となっていた。セガは1993年を振り返り、「北米販売ソフトベスト10のうち、上位3本を含む7本がセガ向け」「昨年の年末商戦も6：4でセガの勝利」とメディアへ伝えたが、任天堂はまったく逆の数字でSNESが勝利したと伝えていた。

このときの拡大は1台でもシェアを伸ばしたい両陣営による、ハードの値下げ合戦の結果によるものでもあった。ハードでの利益はいっそう薄くなり、さらに円高と欧州での景気の大幅な後退を理由にセガは12年ぶりの減益となっていた。同様に任天堂も値下げとシェアの低下により減収減益へと陥った。

そうしたセガと任天堂両ハードの拡大路線を受けて、日本のソフトメーカーは北米市場への関心をさらに強め、SNESだけでなくGENESIS向けにも力を入れるようになった。

あのハドソンも、北米でのPCエンジン（TG-16）の事実上の撤退を見届け、ついにGENESIS市場に参入。PCエンジン専用ソフトだった『ボンバーマン'94』や『コブラII 伝説の男』『ウインズ オブ サンダー』などを移植した。さらに人気シリーズ『ダンジョンエクスプローラー』に関しては、PCエンジン版とは別の完全新作をSEGA CD用にリリースした。※40
時を同じくしてコナミも『T.M.N.T.』『バンパイアキラー』『魂斗羅ザ・ハードコア』など人気シリーズのオリジナル新作を投入。

さらにはPCエンジン用の大ヒットタイトル『スナッチャー』をSEGA CDへと移植するが、※41 日本でのメガドライブの市場の停滞もあり、これらPCエンジンの移植ゲームが日本のメガドライブで発売されることは残念ながらなかった。

もちろん当事者であるセガ自身も、この北米偏重の市場の影響を受けないわけがなかった。ソフトの多くは日本で制作されていたが、北米マーケットの意見をいっそう聞くこととなり、人気ジャンルであったアクションゲームを多数開発した。

また、ローカライズにもよりていねいな対応が必要となった。たとえばコミカル

※40
メガドライブ版の開発はPCエンジン版のアトラスではなく、「ワンダーボーイ」シリーズでおなじみのウエストンが行っている。

※41
ラストシーンに登場するアレのデザインは、もちろんGENESIS2とSEGA CD2になっている。

な雰囲気のゲームであっても、表情は日本では親しみのある笑顔よりも戦いに赴く険しい顔へと変更するように、などという指示が北米から寄せられるようになった。これまで文字以外はほとんどそのままだったローカライズ版の開発は、市場規模に合わせてより高度に行われることになった。

この時期に発売された『ダイナマイトヘッディー』や『リスター・ザ・シューティングスター』などはその典型で、日本版と北米版では敵味方の登場キャラクターの表情が大きく異なっているので、機会があれば見比べていただきたい。※42

また『ベア・ナックルIII』に至ってはゲームバランスも大きく変化し、難易度がハネ上がっていた。これは北米独自のゲームレンタルショップ対策や、発売後しばらくは返品を可能とする販売システムのため、簡単にゲームをクリアさせないようにする必要があったということだが、元々持っていたゲームバランスが崩壊し、評価を下げることになった。

こうして北米向けに開発を進めても、ゲームタイトル数自体が飽和状態となると、そもそも販売しないものも生まれた。たとえば『パルスマン』は、欧米市場向けにネイティブの英語ボイスを実装するなど対応を進めていたものの、最終的に海外発売はなくなってしまった。もちろん『幽☆遊☆白書　～魔強統一戦～』など日本市場向けのタイトルも引き続き制作され続けたが、次世代機の話題が盛り上がっていくのと反比例して国内市場は縮小するばかりで、日を追うごとに日本でメガドライ

『ダイナマイトヘッディー』

※42
北米版の敵キャラクターは怒りをあらわにしている必要があり、多くの場合どのキャラクターも目を吊り上げている。

ブのソフトは売れなくなっていった。

そして1994年はあの『ソニック・ザ・ヘッジホッグ3』が約1年ぶりの2月（日本では5月）に発売となったが、外的要因により開発がスムーズに進まなかったため期日までに制作が間に合わず、アクションゲームでありながら前後編に分かれて発売された。※43その結果本作のストーリーは中盤で終わってしまう。

後編となる『ソニック＆ナックルズ』は半年後の10月に、カートリッジ2本を合体させる「ロックオンシステム」というアクロバティックなオリジナルカートリッジで発売された。単体でも遊ぶことができるだけでなく、2本のソフトを繋ぐことでストーリーを通しでプレイできるという遊びを取り入れたが、2作を合わせても1992年末に発売した第2作の販売本数を超えることはできなかった。

なお、日本でのライバルだったPCエンジンCD－ROM²もメガドライブと同じく発売から5年が経った円熟期であり、魅力的なタイトルが発売された。年始の『エメラルドドラゴン』（NEC－HE）、『風の伝説ザナドゥ』（NEC－HE）などである。さらに5月に登場した『ときめきメモリアル』（コナミ）は恋愛シミュレーションという今までにないジャンルながら口コミでヒット。長く話題を振りまいた。

『ソニック・ザ・ヘッジホッグ3』

※43
当初『バーチャレーシング』でも採用された拡張チップ「SVP」を使う予定だったが、チップの量産が『ソニック3』の発売に間に合わないことが判明し、途中でイチから作り直すことになったため。実質の開発期間は半年だった。

次世代機の先陣を切った3DO

そして1994年といえば次世代機である。1993年末以降に次世代機レースに参加したゲーム機の数は、16ビット時代を大きく上回るものだった。まず新規参戦した松下電器が3DOを先行発売、ソニーはPS－X（正式名：プレイステーション）で参戦。アタリの「ジャガー」も続く。

さらに1994年になってからは、NECがPCエンジンの後継機「FX」（のちの「PC－FX」）の情報を公開、任天堂はスーパーファミコンやゲームボーイとは異なるVRマシン（のちの「バーチャルボーイ」）を発売すると発表する。そしてSNKが「ネオジオCD」で本格的に家庭用市場に参入するなど、ゲーム誌以外の一般誌や新聞をも巻き込み、1994年以降のTVゲーム情報は「次世代機」一色となっていって、ブームを過熱させた。

次世代機レースで最初に動いたのは3DOだった。北米での発売は1993年の10月、日本が1994年3月と、当時としてはめずらしく北米で先に発売されるケースだったが、どちらも不発に終わる。ハードウェアの価格が700ドルと高価で、また魅力的なタイトルがそろえられなかったことが北米での原因と言われた。

3月までの実売は3万台に留まった。

あわてた松下電器は、日本での発売価格を当初発表の7万9800円から5万4800円と、発売前に3割以上下げるという異例の対応を行った。次世代機ブームに乗って、日本では20万台ほどを販売したが、北米はスタートの失敗が響き、値下げ（500ドル）の効果も薄く10万台程度だった。また同時期に発売されたアタリのジャガーも北米10万台で終わったということだ。

3DOの問題は価格以外にもあった。次世代機としてのファンの期待が変化したところだ。たしかに1993年まで今後発展していくのは、メガCDで実現したインタラクティブな動画再生だと思われていた。先行した3DOの売りはそこに特化しており、テレビと同等の高画質で映像が見られることを大きく宣伝していた。

こうした映像を主軸とした技術展開を当時「マルチメディア」と呼び、ゲーム機は今後VHSビデオデッキやホビーパソコンに代わる映像メディアになるのだという未来を世間にアピールしたのだ。NECも同様で、PCエンジンでのビジュアルゲームの成功体験をもとに、PC-FXにはすぐれた動画再生機能を持ったチップを搭載していた。

ところが1994年になると最新ゲームのトレンドが、映像再生ではなく3Dポリゴンになった。当時、最先端のTVゲームが体験できる場であったゲームセンターでは3Dポリゴンを使ったタイトルが歓迎されており、次世代ゲーム機ではこういったゲームが家庭でも遊べるのではないかという期待へとつながった。

3DOでも一応3Dのゲームは作ることはできたが、性能的にライバルには及ばないものだったため、話題作が生まれる前に勝負がついていた。同様にPC－FX、さらに1994年末に発表されたアップルとバンダイの共同開発マシン「ピピンアットマーク」も、ここを読み違えてしまい、出馬はしたものの存在感を示すほどの数は売れず、レースには参加できずに終わった。※44

時代は3Dポリゴンゲームへ

このトレンドの変化はいつ起きたのか？　それは1993年末に始まったアーケードの2大タイトルの登場がきっかけだ。1つは『リッジレーサー』だ。セガの『バーチャレーシング』がヒットをしたことを受けて、ナムコが1993年10月にリリースしたレースゲームである。美しいテクスチャーマッピング技術による鮮やかな画面で、『バーチャレーシング』を超えるヒットとなる。

続く12月には、今度はセガから『バーチャファイター』が登場する。ストII以降大流行中だった対戦格闘というジャンルを、初めて3Dで作った画期的なゲームとなった。本作で初めて表現された人物の存在感からくるインパクトは未知の体験だった。本作はさらにほとんど変化のなかった格闘ゲームの約束事もアップデート

※44
セガの次世代機であるセガサターンにも、マルチメディアマシンとしての名残はあり、電子ブックやビデオCDなどに対応できる拡張機能を別売りで備えていた。

アミューズメントマシンショーでお披露目された『バーチャファイター』（1993年8月）

した。波動拳など飛び道具を使った必殺技での攻防を排し、パンチとキックを中心に据えた戦いを目指したことをはじめ、リングアウトの緊張感、ガードボタンの導入など。『バーチャファイター』はジャンルとしては後発でありながら、ストⅡに続く空前のヒットを飛ばす。

さらに翌年4月には、セガのMODEL 2基板第1作となるレースゲーム『デイトナUSA』も登場。ついにセガのゲームにも『リッジレーサー』と同様のテクスチャーマッピングが施され、こちらも大ヒット。格闘ゲーム一色だったゲームセンターは、3Dポリゴンゲームの続けざまのリリースによってさらに盛り上がった。

こうした3Dブームに対して先見の明があったのがPS－Xを準備しているソニーだった。PS－Xは完全な3Dマシンであったからだ。そしてPS－Xは性能もすばらしかった。当時の3Dポリゴンはまだ最先端技術であったため、技術力に秀でるセガとナムコが先んじ、ほかの追随を許さない状況だった。他社は、3Dゲームを作るノウハウもハードウェアの開発技術も持っていなかったのだ。

そこにソニーは「PS－Xがあればどこのメーカーでも3Dゲームを作ることができる」とうたいあげたのだ。PS－Xの性能はセガやナムコのアーケードの最新ハードウェアとほぼ同等で、PS－Xに参入するだけでそのハードを手に入れられた。セガ・ナムコが3Dゲームを独占することに警戒した会社はもちろん、それば

AOUショーで展示された『デイトナUSA』（1994年2月）

かりかナムコ自身も強い興味を示した。『リッジレーサー』のような大型筐体ではなく、アップライトなど、通常の汎用アーケードゲームにも3Dゲームを展開するのにPS－Xは最適だったのだ。ソニーには時代が味方をした。

一方セガはアーケードで3Dの先駆者であったが、家庭用向けにはまだ2Dの時代が続くと見越していたため、3Dゲームのヒットは、自分で自分の首を絞めてしまったとも言えた。PS－Xに対抗するためには、3Dゲームが作れるハードでなければならないが、開発途中の次世代機、セガサターンの性能では『バーチャファイター』を移植することは不可能だった。そこでセガは急遽3Dに対応させるべく、搭載予定の日立製RISCチップ「SH－2」を1個ではなく2個積むことで大幅なスペックアップを行った。

こうしてPS－Xが着々と次の戦いの準備を進め、セガがその対策に追われている頃、このような次世代のゲーム情報は、GENESISとSNESが徹底抗戦をしている最中の欧米にも少しずつ流れていった。

特に1993年末に日本で新聞報道された「セガの次世代ゲーム機」情報は、ファンにとってはともかくセガにとってはまったく歓迎されないものだった。新しい映像体験を提供するゲーム機にとって、次のハードが発表されるということは、近々代替わりが行われ、GENESISはやがてなくなることを示しているからだ。

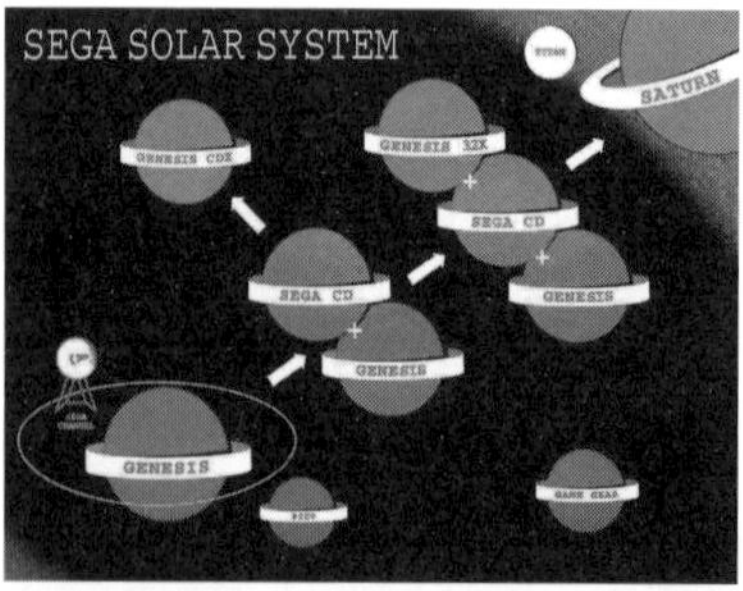

セガはアメリカから猛反発をくらうが、そもそもこの新聞報道もセガが意図的に流したものではなかった。また、次世代機移行の流れも業界全体のライバル同士の読み合いの中で決まるもので、誰かが決めたらそうなるというものでもない。

そこでセガは次世代機開発と並行して、今の好調な欧米市場のシェアを維持するため、ＧＥＮＥＳＩＳも延命させなくてはならないと考えた。そこで次世代ゲーム機レースにもう一つ機種を加える。それが「スーパー32Ｘ」（北米での名前は「ＧＥＮＥＳＩＳ32Ｘ」）だ。スーパー32Ｘは、セガサターンと同じくＳＨ－２のＲＩＳＣチップが２個搭載されたパワーアップユニットで、メガドライブでも３Ｄゲームを遊ぶことが可能になる。

１９９４年３月、セガは前年新聞報道のあった次世代機、セガサターンを正式発表。価格は４万９８００円以下、初年度２００万台を目指すと宣言した。そして同時にスーパー32Ｘも発表。全世界で２５０万台を販売、60タイトルのゲームを用意するとした。５月には32Ｘの本体価格を１万４８００円と正式発表した。※45

結果として、２種類の次世代機を発売するという判断は大きな失敗となった。スーパー32Ｘは予想を下回る結果となり、２５０万どころか１００万台も売ることができなかった。※46

※45　１９９４年６月の北米ショー・ＣＥＳで配られたセガのイメージ画像（右ページ）。遠いセガサターンへ行く前に、まず32Ｘを通過しようという風に見える。

※46　セガサターンと同じチップを使用していたため、実際に製造数も十分に用意できなかった。またラインナップも計画した数を下回った。こうした初動での失敗は、その後日本のドリームキャストでも同じ轍を踏んでいると言える。

それはなぜか。セガがソニックでＳＮＥＳに対抗し勝利した１９９１年と、この１９９４年の３年間で最も変わったことは、世界での情報伝達速度の速さだ。日本で加熱していたＰＳ－Ｘやセガサターンの話題は、インターネットやさまざまな方法を通じ、欧米のゲームファンにも海を越えて伝わっていたのだ。

次世代ゲーム機で発表されていた数々のソフトと比較して、スーパー32Ｘのローポリゴン、ノンテクスチャーのグラフィックはいかにも古く感じられたのだろう。いくら値段が安かろうが、スーパー32Ｘを買うくらいなら、翌年以降に発売されるであろう、セガサターンやプレイステーションのために貯金したほうがいいと考えたのかもしれない。１９９４年の北米年末商戦は、プリレンダリングのグラフィックで次世代ゲーム〝風〟の画面が目新しかった『スーパードンキーコング』を推す任天堂の勝利に終わった。本作は全世界で７４４万本が売れたそうだ。ＳＯＡは32Ｘの失敗が明らかになるとすみやかに終了させ、セガサターンの北米発売を前倒しする準備を進めた。※47

この１９９４年の年末商戦に、セガが本命のセガサターンと守るべきＧＥＮＥＳＩＳだけに集中できず、開発ライン（そして同じチップを使っているがゆえのパーツ）の多くをスーパー32Ｘにも割いた結果、『バーチャファイター』の力で有利に運べたかもしれない日本での１年目に本体が品切れとなってしまった。また有力なタイ

スーパー32X

※47 ＧＥＮＥＳＩＳと32Ｘの一体型マシン（コードネームＮＥＰＴＵＮＥとして知られる）も１９９６年冬に発売予定で告知されていたが、キャンセルされた。

トルが不足し、プレイステーションとの間に大きな差をつけることができなかった。またSNESともこれまでのように対等な勝負ができなかった。この失敗のツケは大きく、セガはこのあと欧米でライバルに勝つことは一度もない。

GENESISは翌年以降、ソフト開発は北米のみで行うようになる。1995年、1996年にも『コミックスゾーン』や『ベクターマン』など目新しいビジュアルの新作をリリースして市場の縮小を食い止めようとしたが、セガサターンの登場によって最新ハードの座を降りたことや、セガ全体が対プレイステーションで苦戦したこともあり、GENESISの市場はSNESに比べると急速にしぼんでいった。

また次世代機への移行が進んだ日本ではメガドライブのソフトをリリースしてもまったく売れなくなり、事実上1995年までに開発を終え、日本のゲーム開発ラインはほぼすべてセガサターンに回された。末期に制作されたソフトの国内での販売本数は、工場の最低ロットである2000本だった。

セガで最後から2番目にリリースされた『ジ・ウーズ』に至っては、北米版とセットで製造することで、本数をさらに減らして発売を実現させたが、その数はたったの800本である。

『コミックスゾーン』

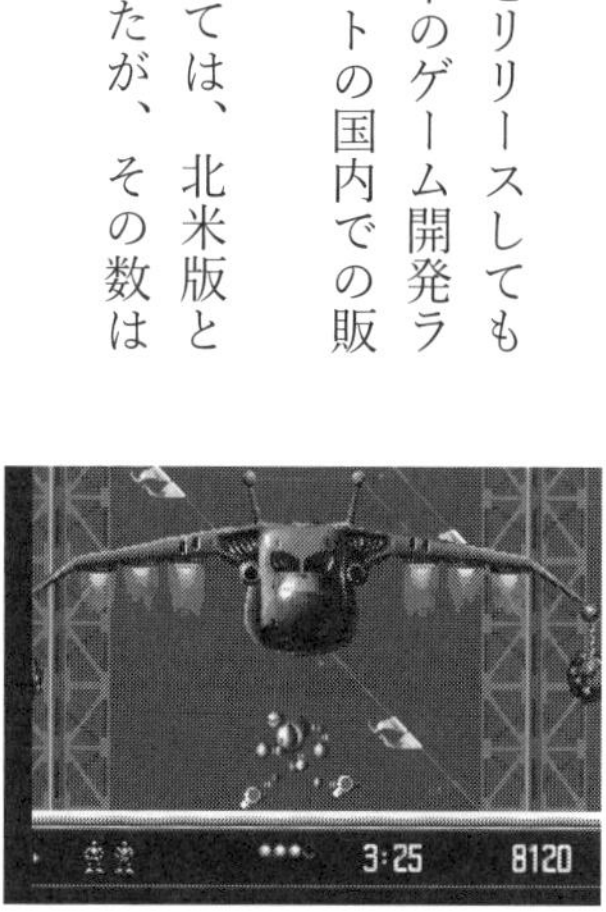

『ベクターマン』

1988年末に発売され、90年代中期までソフトが作られ続けたメガドライブの生涯実績は、日本が約350万台、北米が約1690万台、欧州が約930万台、そのほかで約100万台と、全世界で3000万台以上だったということだ。これはその後奮戦するも1000万台まで到達できなかった後継機、セガサターンやドリームキャストが目指しても超えられなかった大きな成功であった。

さらにメガドライブのアーキテクチャは、知育玩具「キッズコンピュータ PICO（ピコ）」開発に生かされていった。1993年に発売されたPICOは、その後グループ会社として独立したセガトイズのもとで10年以上に渡り販売され、シリーズ累計販売台数は340万台にも及ぶ大ヒット商品となった。メガドライブが姿を変え、その後も長く愛され続けたとも言える、セガ家庭用ハードの語られることの少ない成功の歴史である。

そして欧米ではSNESを時に上回り、最終的にもほぼ互角の戦いをしたメガドライブ／GENESISの成功は、セガを現在も続く世界的なブランドにした。

近年公開された『ソニック・ザ・ムービー』2作の全世界での大ヒットも、もちろんこのメガドライブ／GENESISの戦いがあってこそのものだ。メガドライブの時代は今も多くのファンによって語り継がれ、その成功の象徴であるソニックの活躍は今後も世界中で見られることだろう。

『ジ・ウーズ』

キッズコンピュータ PICO

第 5 章 ｜ 1990年〜

ゲームギア

「ゲームボーイ」が空前の大ヒットを記録

本章ではセガサターンへと話を移す前に、少し時間を戻して、もう1つのセガ家庭用ハード「ゲームギア」の話をしておこう。

1983年、ファミコンの発売とともに爆発的な盛り上がりを見せた家庭用ゲーム機ブームと入れ替わるように、電子ゲームの人気は急速に冷え込んだ。

序章で触れたように、電子ゲームは家庭用ゲーム機が登場するまでは玩具の王者だった。任天堂の「ゲーム&ウオッチ」は全世界で4000万個というすさまじい数が発売されている。任天堂自身も、最初はまさかファミコンがゲーム&ウオッチを超えるヒット商品になるとは思っていなかっただろう。

ゲーム&ウオッチは1980年の4月に第1作の『ボール』が発売され、その年は『ファイア』、1981年は春に『マンホール』や『ヘルメット』、夏にはワイドスクリーンの『オクトパス』がヒット。1982年には上下二画面のマルチスクリーン『ドンキーコング』で人気のピークを迎える。

そしてそれから約1年後にファミコンが登場する。ゲーム&ウオッチは1台につきだいたい5800～6000円と電子ゲーム機では平均的な価格であったが、ファミコンのソフトは1本3800〜5500円で、一度本体を買ってしまえばその後は安くなる。ゲーム&ウオッチはファミコン登場後も1984年くらいまでは新作が発売され続けたが、話題の中心は完全に家庭用ゲーム機へ移ってしまった。

ゲーム&ウオッチも、そのほか多くのメーカーの電子ゲームたちも、それなりの改良を行いつつリリースされていったが、その後話題になることはまったくなかった。

ファミコンの発売から6年が経った1989年の4月、突如登場したのが「ゲームボーイ」だ。ゲームボーイは携帯ゲーム機であり、ゲーム&ウオッチの進化した姿だった。1989年といえば、前年末に「PCエンジンCD-ROM²」や「メガドライブ」といったゲーム機が登場し、任天堂自身も次世代機「スーパーファミコン」を発表していた頃だ。TVゲームが性能の高さを競っていた時代に、ゲームボーイの「低性能」は驚きをもって迎えられた。

なんといっても小さな画面はカラーすら表示できない4階調モノクロ。ハードウェアの性能もファミコンと同程度となると、ほかのゲーム機と比べても、どうにもぱっとしない。生まれたときからカラーテレビを見て暮らしてきた人たち、もちろん子供たちにとっても、『ファミマガ』などのゲーム雑誌に掲載されたモノクロの画面写真はファミコンと比べても見劣りのするものであった。メディアもゲームファンも戸惑う中、ゲームボーイはまず日本で1万2500円という、ファミコンよりも少しだけ安い値段で発売された。

本体と同時に発売されたソフトの中では、初代『スーパーマリオブラザーズ』をよりシンプルにした新作『スーパーマリオランド』が目玉だ。ただし、さすがの人気シリーズの新作であっても、前年末にファミコンの限界を超えた演出とボリュームが話題の『スーパーマリオブラザーズ3』が発売された直後というタイミングだったので、定番ではありこそすれ大きな話題にはならなかった。

しかしゲームボーイの真価はそのあとすぐ、6月に発売したパズルゲーム『テトリス』で発揮された。いつでもどこでも誰でもすぐに遊べる、持ち運びできるゲーム機、という携帯ゲーム機の魅力は、『テトリス』という画期的なパズルゲームが遊べるという一点ですべてが証明されたのだ。


前章で述べたように、この1989年の春は、ゲームセンターでセガ版の『テトリス』が大ヒット中だった。最新鋭の技術を競うゲームセンターでも『テトリス』の単純さは、派手さを求める時代のニーズと正反対のゲームだったが、その人気は過去のどのビデオゲームをも凌ぐものだった。当然ゲームセンターで『テトリス』にハマッた人も、このゲーム1本を遊ぶためにゲームボーイを買い求めた。

またゲームボーイの特徴の1つ、通信ケーブルを使ったプレイヤー同士の対戦も

※1
通信ケーブルによる対戦はゲームボーイが初めての試みではなく、任天堂は1983年に発売した液晶画面の携帯ゲーム機「コン

評判となった。[※1] この対戦要素はその後「落ちものパズル」と総称されるアクションパズルゲームのほとんどで実装される、対戦システムの基本となる発明であった。

そのほかにもソフトの価格が2600円〜と、当時のファミコンソフトの半額程度だったということもあって歓迎され、ゲームボーイはなんと約半年で、あっという間に全世界100万台を突破した。翌年以降も『テトリス』はハードを牽引していった。

最初は任天堂とのお付き合いくらいに考えていただけかもしれなかったソフトメーカーもこぞって参入。かつてファミコンで発売した人気タイトルを、ゲームボーイ向けにアレンジして積極的にリリースしていくようになる。スーパーファミコンの登場直前に、任天堂の手で、ファミコンに続く新たな一大市場が生み出された。

画面のカラー化で差別化を図った「ゲームギア」

この『テトリス』から始まるゲームボーイブームを、（まるでトンビに油揚げをさらわれてしまったようにいまいましく思っていたであろう）セガが黙って見ているはずもなく、さっそく携帯ゲーム機開発に取り掛かった。そしてゲームボーイから遅れる

ピュータマージャン役満」において、すでに対戦用の通信ケーブルを別売りしている。

ゲームギア

こと1年半、1990年の10月に発売されたのが「ゲームギア」だ。ゲームボーイはすでに300万台を突破していた頃だった。

ゲームギアとゲームボーイの最大の違いは、画面がモノクロではなくカラーになっていることだ。後発ハードは何かはっきりとした違いを出さないと勝負にならない。画面のカラー化こそが最大の差別化になるはずだということで、カラーありきで開発を進めたのだ。

ただし、実はカラー画面の携帯ゲーム機はゲームギアが最初ではない。ゲームボーイ発売直後に、あのアメリカのアタリ社から発売された「リンクス」があった。

セガはアメリカへ飛び、アタリとの共同開発も視野に入れた相談をしにいったそうだが、これは物別れに終わった。最終的にリンクスは、本体が大きすぎること、重量、タイトルの偏りなどさまざまな問題で、日米ともまったく普及しないまま終わった。

セガは独自に開発するにあたり、ゲームボーイの成功、リンクスの失敗を分析し、ハードスペックは「マスターシステム」を元にして小型軽量化した。[※2] また、カラー表示を最大限生かすべく、別売の「TVチューナーパック」という周辺機器を発売した。TVチューナーパックを装着すると、ゲームギアの画面で通常のTV放送が視聴でき、AV入力を使ってポータブルモニターとしても使えた。[※3]

当時はまだ携帯型のテレビは非常に高価で、ほとんど普及していない時代だった

※2
ゲームギアのスペックはマスターシステムとほとんど同じものだった。マスターシステムは欧米で発売が続けられていたため、セガは1つのゲームを開発する際に、ゲームギア用とマスターシステム用の2バージョンを同時開発できた。また、これまでの資産やノウハウも流用できたので、ハードの発売当初から質の高いゲームをそろえることができた。ハード開発は、セガ・マークⅢ／マスターシステムのベースとなったアーケード基板、システム2を設計した矢木博氏によって設計された。

※3
TV映像を表示するため、ゲームギアはマスターシステムよりも多くの色が使えるようになっている。

ため、どこにでも持ち運べて、自分の部屋や夜の布団の中でもTV放送が見られることは大きなメリットだった。安価な携帯TVとして、ゲームギアはACアダプターとセットで活用された。

なぜACアダプターと言ったかというと、ゲームギアはカラーを美しく見せるため、本体の画面にバックライトが必要だったのだが、その結果電池の消耗が激しく、標準で使われる単3電池6本使用では2時間もしないうちに使えなくなったからだ。当時のゲームボーイは単3電池4本で半日以上持ったということを考えるとかなりの差であり、任天堂としてはカラーを採用しなかったことをゲームボーイの勝因としている。

しかしゲームギアは、このカラー表示という違いを持っていたからこそゲームボーイに対抗できたのだ。

ゲームギアの本体価格は、ゲームボーイよりやや高めの1万9800円。本体同時発売タイトルとして、往年の人気パズルアクションの初移植『ペンゴ』、F1をモチーフにしたレースゲーム『スーパーモナコGP』、そしてポスト『テトリス』としてゲームセンターやメガドライブでヒット中だった『コラムス』の3本が発売され、1カ月でなんと60万台を売り上げた。『コラムス』はゲームギアのために作ったゲームではないが、カラー表示でないと楽しめない（同じ色を合わせて消す）

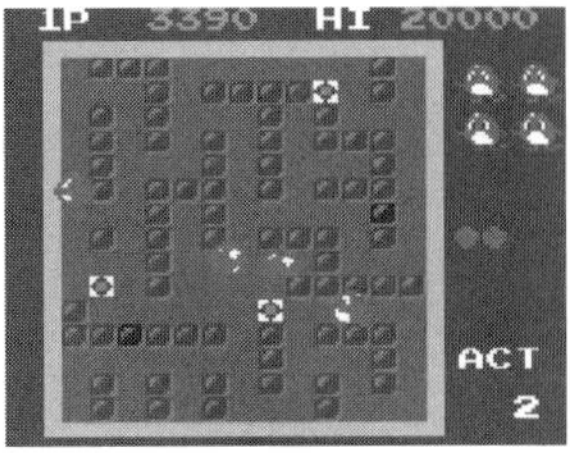

『ペンゴ』

『スーパーモナコGP』

ゲームだったので、ゲームギアのセールスポイントとして最適であった。

ゲームギアはこれまでのセガのハードとは違い、発売当初から好調な滑り出しとなる。『コラムス』も『スーパーモナコGP』も数十万本を売り上げるヒット作となった。

『コラムス』は『テトリス』までのヒットには至らなかったが、1992年には新たなアクションパズルとして『ぷよぷよ』が登場。アーケードやメガドライブでヒットする。翌年にゲームギアへ移植することで、『ぷよぷよ』はゲームギアの人気を復活させた。『コラムス』と同様、同じ色同士を並べるというルールは、ゲームギア向きのゲームだったためだ。

セガは『ぷよぷよ』のルールを使って「詰将棋」的な遊びを楽しめる専用ソフト『なぞぷよ』をゲームギア本体に付属して発売するなど、『ぷよぷよ』をキラーソフトとしてシリーズ化させていく。『ぷよぷよ』は後年のゲームギア人気を支え続けた。

最終的に1000万台を売り上げる

発売開始から支持を集めたゲームギアは、ゲームボーイのライバル機としてのポジションを確立。メガドライブで参入したサードパーティーの多くがゲームギアに

『コラムス』

『ぷよぷよ』

も参入し、華やかな展開を見せる。

1991年には本体のカラーをブラックではなくホワイトに変更し、キャリングケース付きTVチューナーセットを1万台限定で販売した。これは家庭用ゲーム機での本体バリエーション販売の先駆けの一つである。

さらに1994年には、ゲームボーイ（ブロス）よりも先に、本体のカラーバリエーション展開をスタート。※4 最晩年である1996年には「キッズギア」という名前で本体デザインをリニューアルした。

ゲームギアの主なターゲットは、メガドライブの対象年齢よりも低い、小学生だった。これにより、マスターシステムやメガドライブと同じタイトルをリリースするだけでなく、ディズニーや『魔法騎士レイアース』、『ドラえもん』など人気アニメのキャラクターゲームを積極的に開発することになった。

また「ソニック」シリーズもメガドライブとは異なるシリーズ展開を行い、車に乗ってレースをする『ソニックドリフト』といった、マリオシリーズにならった他ジャンル展開や、仲間のテイルスを主人公とした『テイルスのスカイパトロール』『テイルスアドベンチャー』などの外伝作品も作られた。

そのほかにも『The GG忍』『シャイニング・フォース外伝』などメガドライブの人気作のオリジナル続編や、『女神転生外伝ラストバイブル』という他機種からのアレンジ移植も登場した。『ぷよぷよ』の世界観や登場人物の原作となるRP

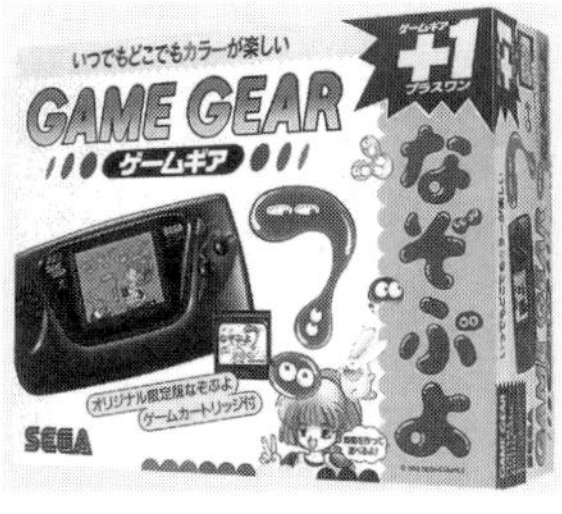

ゲームギアプラスワン『なぞぷよ』パック

※4
新たにスモーク、レッド、ブルー、イエローが販売された。そのほか、ロゴや絵が本体にプリントされたレッドカラーの『魔法騎士レイアース』モデルや『コカ・コーラキッド』モデル、欧州限定のブルーモデルなどが存在する。

G、「魔導物語」シリーズも4作が発売されている。
サードパーティーでは、ナムコの『パックマン』や『ギャラガ'91』に『ギアスタジアム』、タカラの『餓狼伝説SPECIAL』や『サムライスピリッツ』、バンダイの『美少女戦士セーラームーンS』や『SDガンダム』、ハドソンの『スーパー桃太郎電鉄Ⅲ』など、メガドライブとは異なる魅力ある移植タイトルが話題となったが、ゲームアーツの『LUNAR さんぽする学園』といった、ゲームギア独自の新作・続編というのはわずかだ。

ゲームギアは、メガドライブの時代が終わって「セガサターン」が登場した1995年以降もソフトリリースが続いた。しかしセガが「プレイステーション」に対抗するため開発ラインをセガサターンに注力するようになってからは、徐々にゲームギアの開発ラインは縮小。1996年12月の『Gソニック』を最後に日本でのソフトの販売を終了する。

とはいえ6年もの長い間ソフトがリリースされ続けたのは、日本国内のセガハードではメガドライブに次ぐものだ。

海外のゲームギアについても簡単に触れると、日本発売の半年後となる1991年4月に発売をスタート。欧州を中心に善戦したが、1997年にはタイトルリ

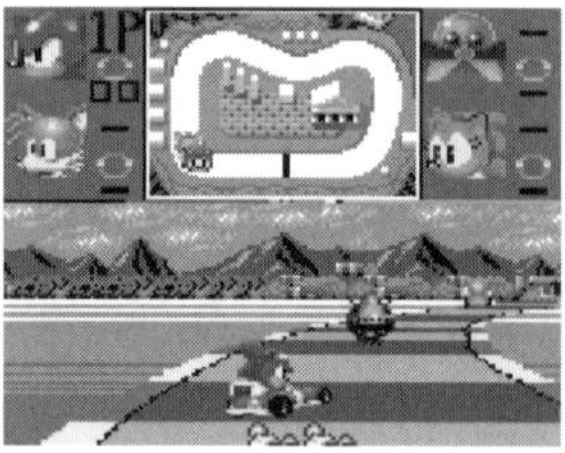

『ソニックドリフト』

『シャイニング・フォース外伝』

リースは止まった。

全世界でのセガ発売のゲームギアの販売累計は１０００万台[※5]を超えており、これはポケモン以前に日本だけで１０００万台を超えていたゲームボーイや、メガドライブの３０００万台から見ると少ないが、セガ・マークⅢ／マスターシステムと同等の数字で、セガサターンや「ドリームキャスト」を上回るものだ。

晩年のゲームギアは、セガのトイ事業部を別会社化したセガトイズが「キッズコンピュータＰＩＣＯ」などとともに引き継いでおり、セガトイズ内ではゲームギアの次世代ハード構想もあったが、ついに実現することはなかった。

ゲームギアと時を同じくして、ゲームボーイのソフトのリリースも１９９５年ごろには数えるほどとなっており、当時は携帯ゲーム機市場自体の終焉も時間の問題と見られていた。ところがここでゲームボーイに奇跡が起きる。１９９６年２月に発売した『ポケットモンスター赤・緑』である。このソフトによって、ゲームボーイの需要は奇跡的に復活。同年７月に小型化した「ゲームボーイポケット」の登場もあって、再びゲームメーカーは、蘇生したゲームボーイ向けソフト供給を再開することになる。

１９９８年にはハード発売から９年越しでついにカラー化を果たした「ゲームボーイカラー」、そして新たなライバルとしてバンダイの「ワンダースワン」、ＳＮ

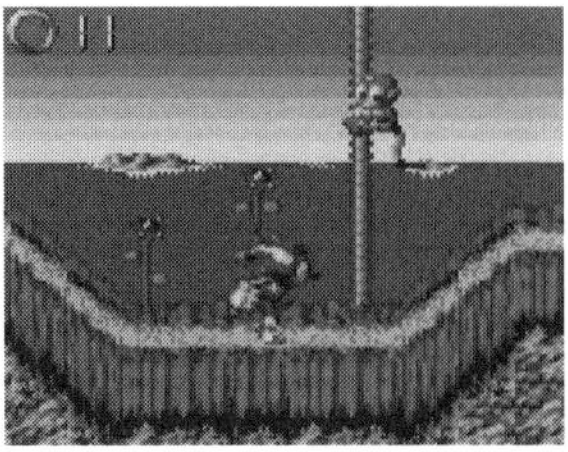

『Gソニック』

※5
セガが製造していないブラジルや、北米でセガが販売を終えたあとにゲームギアを引き継いで販売したマジェスコ社による生産数を除く。

Kの「ネオジオポケット」が登場し、短い期間ではあったが三つ巴の戦いを繰り広げた。しかし、当時のセガにはゲームギアを再び復活させるだけの理由も、割ける力も残されていなかった。

結果としてセガは3つの携帯ゲーム機それぞれにソフトのライセンス提供を行ったため、かつてのファミコンや「PCエンジン」の頃のように、『コラムス』や『ゴールデンアックス』など、いくつかのセガの人気ゲームが他社のハードでも遊べるようになった。

その後、2001年に登場する「ゲームボーイアドバンス」以降は、セガ自身が携帯ゲーム機へ参入。ローンチに『チューチューロケット！』をリリースした。また2006年に「ニンテンドーDS」向けとして発売した『オシャレ魔女ラブandベリー　～DSコレクション～』は、国内出荷本数が100万本を突破するなど、ソフトメーカーとして成功を収めた。

第６章｜1994年〜

セガサターン

次世代ゲーム機戦争、開戦前夜

僕がセガに入社したのは1994年だが、この年は「次世代ゲーム機戦争」の開戦した年として、我々ビデオゲームネイティブにとっても特に忘れられない年である。この年の年末に、ソニーが初めて家庭用ゲーム機市場に参戦した初代「プレイステーション」が発売され、それより10日ほど前に、セガ6代目の家庭用ゲーム機である「セガサターン」が発売されている。

松下電器の「3DO」（日本向け）やNEC-HEの「PC-FX」もこの年の発売だ。現世代の覇者であった「スーパーファミコン」を擁する任天堂への挑戦権を、いったいどのメーカー（ハード）が得るのか!?というのが、当時のゲームファンの話題の中心だった。そして今では信じられないかもしれないが、春の時点でのレースのオッズでは、「メガドライブ」「GENESIS」が海外で好調な「セガが本命」と言われていたのだ。

この春は、ちょうどメガドライブで『ソニック・ザ・ヘッジホッグ3』が発売された直後とあって、過去最高の盛り上がりを見せていた。欧米ではこのメガドライブおよび北米GENESISの好調を持続させSNESとやりあいつつ、日本では

セガサターン

先行して次世代機セガサターンを発売することで次の市場を確保し、国内でも勝利を収めて世界一を狙う、というのが当時のセガの筋書きだった。

僕は企画（プランナー）として、第1コンシューマ研究開発部（CS1研[※1]）という部署に配属となった。当時セガには家庭用だけで開発部署は6つあり、第1と第2が次世代機セガサターン、第3と4がメガドライブ＆「メガCD」と「スーパー32X」、そして第5が「ゲームギア」のソフト開発を行うところだった。それに加えて、RPG制作部という人気ジャンルに特化した専門部隊も置いていた。

さらにアーケードゲーム開発を主とする部署が7つあり、とりわけ1993年に『バーチャファイター』をリリースした第2アミューズメント研究開発部は「AM2研」という名で特別な存在になりつつあった。これに海外子会社にある開発部署も含めると、優に1000人以上の開発スタッフがいたはずだ。当時では日本どころか世界で最も開発スタッフの多い会社だったかもしれない。

その中でもCS1・2研（部署的にはほぼ融合していた）は特に大所帯だった。最も大きなプロジェクトはセガサターンの新作シューティングゲーム『パンツァードラグーン』で、メインで最大15人、ムービーやサウンドのスタッフなども入れると30人くらいが参加していたように思う。当時メガドライブで10人以下、ゲームギアなら5人くらいで作っていたはずなので、セガサター

※1
コンシューマとは家庭用のこと。「CS」は「コンシューマソフト」の略。家庭用ゲーム機用のソフト開発部署はすべて「コンシューマソフト研究開発本部」にあった。

『パンツァードラグーン』

ンになって、ゲーム製作の規模がどんどん大きくなっていった。

セガというと「CSとAMは別の会社のように交流がない」などという人もいるが、当時のセガサターンの開発スタッフを見回すと、AM部門出身の者が多数いた。セガサターンの高度なゲーム開発のために、1年以上前にまとめて異動してきたのだ。中心となっていたのは『フリッキー』『ファンタジーゾーン』『アウトラン』など、多くの有名タイトルの生みの親である石井洋児部長だった。彼らは元からCSに所属していたメンバーと混成され、数十人規模でセガサターンのタイトルラインナップを開発していた。

春の時点でセガサターンは100%の性能が出せる開発機はなく、30%くらいしか出せない初期の試作機[※2]と、70%ほどの開発機しかなかったが、6月の「東京おもちゃショー[※3]」での展示に向けた準備を進めていた。

入社したばかりの僕には、それが順調なのかどうかはわからなかったが、目の前で作られているゲームたちが発売される頃には、セガサターンは日本で天下を取るのだと確信していた。ライバルを見てみると、他社に先行して発売した松下電器の3DOは、値段の高さとキラーソフトがないこともあって苦戦を強いられていた。家庭用のビデオ規格のVHSを世界標準として普及させた松下ですら苦戦するのだ。VHSに負けたβを擁していたソニーも、おそらく同じ道をたどるに違いない。

※2
記憶では80㎝四方くらいの直方体の巨大な箱で、放熱のためにカバーはいつも開けられていた。サイズだけはやたらとでかいからなのか「ビッグボックス」と呼ばれていて、余ったものは新人研修用にも使われていた。

※3
この頃はまだ「東京ゲームショウ」はなく、家庭用TVゲームのイベントといえばおもちゃショーだった。

そもそもソニーがこの頃メガCDなどで発売したゲーム、たとえば『爆伝・アンバランスゾーン』などは、雑誌の人気ランキングでも下位中の下位だった。※4 最後のNEC‐HEについては、「PCエンジン」は日本ではセガ以上に人気があったが、そのためか軸足がまだそちらにあり、少なくとも僕はPC‐FXからはあまり本気さを感じられなかった。これなら今度は勝てそうだ。

プレイステーションが与えた衝撃

そんな世の中の空気が一気に変わったのは、1994年5月にソニー・コンピュータエンタテインメント（SCE）が行った発表会だった。プレイステーションという正式名称や本体デザインの公表とともに公開された実機映像は、業界だけでなく、すべてのゲームファンに衝撃を与えた。

発表会では開発中の新作ゲームの映像は1つもなかったのだが、その代わりに3Dで描かれたT‐REX（ティラノサウルス）がリアルタイムでアニメーションしているデモンストレーションが公開され、その映像のリアルさにみんな魅了されたのだ。そしてそれに続く多数の参入メーカーの発表。これだけのメーカーが、このT‐REXみたいなすごい映像のゲームをたくさん開発するのかと、たった恐竜1匹でソニーはゲームファンの心をつかんでいた。

※4
実はソニーは自社のソフト開発力を強化するため1993年に、『レミングス』などを開発したイギリスの大手ゲームメーカー、シグノシス社を買収しているのだが、当時はあまり話題にならなかった。シグノシスは『ワイプアウト』を開発、脚光を浴びる。

この時代の少し前まで3DCGといえばソリッドな板や線の組み合わせによる、紙工作で作ったような画像で、とても一般向けとは言えなかった。その認識が1993年になって大きく進化する。夏に公開されたハリウッド映画『ジュラシック・パーク』だ。劇中に登場する恐竜の多くが、本物そっくりの3DCGで描かれていて、現実ではありえない映像が作れることをみんなが知った。

そして同じく1993年の秋には、ナムコが美しいグラフィックで魅せるレースゲーム『リッジレーサー』を、セガが対戦格闘ゲーム『バーチャファイター』をそれぞれアーケード向けにリリース。3DCGはこれまでの映像からリアルタイム演算で表現する時代となり、どちらも大ヒットした。

そこにきてこの1994年5月の、プレイステーションのデモンストレーションだった。『リッジレーサー』以上の美麗グラフィックで描かれた、『ジュラシック・パーク』さながらのT-REX[※5]が歩いているのだ。当時のゲームファンは「去年映画で見た最高のCG映像が、年末に発売されるプレイステーションを買えば家で自分で動かせるのか！」と衝撃を受け、購入意欲に繋がったのだった。

実はプレイステーションのお披露目は、ここからさらに半年前に、関係者向けのみのクローズドで行われていたらしい。もちろんそれよりも前から各ゲームメーカーへ打診はしていたものの[※6]、最初はどこの会社も3DCGで作るゲーム開発のイ

※5
『ジュラシック・パーク』に登場したT-REXは、当時最新の仮説を採用しており、これまで愚鈍でのっそり動くと思われていた肉食竜の、躍動的に動く姿が話題となったが、このプレイステーションのデモに登場するT-REXも、映画と同じデザインと動きだった。

※6
ある意味、最初に口説いたメーカーは、セガとも言えたわけだが。

メージがつかめず、あまり乗り気ではなかったそうなのだ。しかし『リッジレーサー』や『バーチャファイター』の発売直後のタイミングで行われたこの会は盛況で、プレイステーションはこのときに多くの参入メーカーを増やしたとのことだ。

当時3DCGというのはハードウェアもソフトウェアも非常に高度な技術であり、ゲーム業界でも大手であるナムコやセガを除く多くのメーカーには、すぐに手を出せるような一般的な技術ではなかった。ところがこのプレイステーションならそれができる。今3D技術を学ばずして未来のゲーム業界では生き残れないと察した多くのゲームメーカーは、このソニーの新ハードに飛びついたのだった。奇しくも『バーチャファイター』の大ヒットが、セガの新たなライバルを生み出す結果となったのだ。そしてこの5月の発表会で発表されたタイトルの中には『リッジレーサー』の名もあった。

このライバルの巨大な進化をセガももちろん認識していたが、今最も人気のあるゲーム『バーチャファイター』を擁するセガサターンの優位は揺るがないと思っていた。開発スタッフは、今はとにかくセガサターンの発売時期にゲームの開発を間に合わせることだけを考えて仕事を進めていた。

余談だが、僕と同期入社したデザイナーの酒井智史はソニーの発表会後、プログラマーと共謀して、こっそりサターンの開発機で「恐竜デモ」そっくりのサンプルを作ってしまった。「あのくらいセガサターンでもできる！　しかもこっちは火も吐くぞ！」と彼がボタンを押すとT‐REXが口から火を吹いた。彼は無類の怪獣ファンでもあったのだ。このT‐REXはのちに『ワールドアドバンスド大戦略』の隠しキャラクターとして実際にゲーム中にも登場した。

話を戻すと、6月に開催された「東京おもちゃショー」で今度はセガサターンが公開された。こちらは開発中のゲームに実際に触れられる実機展示である。目玉はもちろんあの『バーチャファイター』だ。

来場したファンはさっそくセガサターンに向かったが、そこはまだ初めての展示。一見完成しているようにも見える『バーチャファイター』の2体のキャラクターは、多彩な技を繰り出すことはできたものの、2人の軸が合っていないので攻撃は当たらず、対戦はできなかった。『デイトナUSA』の車は何もない地平線を走るだけ。唯一ゲームとして遊べたのが『クロックワークナイト』だったが、2D横スクロールアクションだったので次世代機らしい雰囲気はいまひとつだった。それでもセガとしては、実機で展示することに意義があると考えていた。

参入メーカーも多くが発表されたが、プレイステーションよりは少なめで、タイトルも決まっていないメーカーが多かった。

おもちゃショーから2カ月後、アメリカでとうとう任天堂が次世代機「プロジェ

東京おもちゃショー
（1994年6月）

『バーチャファイター』展示の様子

クト・リアリティ」（のちのニンテンドウ64）を発表した。ただし発売は来年とのことで、世間の評判はプレイステーションとセガサターンに二分された。

　セガサターンの二度目のお披露目はそれから3カ月後、9月のアミューズメントマシンショーで行われた。本来アーケード向けの展示イベントだが、当時は家庭用ゲームもブースの一部を使って紹介されていたのだ。このときはついに『バーチャファイター』がほぼ完成状態となっていて対戦も可能になり、発売を待つばかりとなっていた。さらに新作として『パンツァードラグーン』もプレイアブルで出展されて、できたばかりの2面と5面をプレイすることができた。

　だが、このショーの話題の中心は、アーケードの最新作『バーチャファイター2』だった。大きく進化した『2』の存在は、ライバルどころかセガサターンすら吹き飛ばしかねないインパクトと勢いを持っていた。セガは同日、セガサターンへの『バーチャファイター2』の移植も発表する。

　発売日が近づくにつれて、セガサターンのソフト開発の遅れは少しずつ現実の問題となってきた。『パンツァードラグーン』は早々に春へと延期していたが、本体と同時予定だった『クロックワークナイト』は完成度が上がらず、ついに課長（『ザ・スーパー忍』などを開発した大場規勝氏）自らが大なたを振るい、すべてのス

アミューズメントマシンショー（1994年9月）

『クロックワークナイト』

テージデザインをほぼ一から作り直し、ステージ数は半分に絞り、上下巻の二部構成に改めた上、上巻として完成させることを決断する。

結局発売日に間に合ったセガ社内開発のゲームはAM2研自らが移植した『バーチャファイター』で、CSは外注のマイクロネット[※7]が開発したアドベンチャーゲーム『ワンチャイコネクション』のみ。そのほかサードパーティーも含め1994年内には8タイトルをリリースした。一方10日後に発売されたプレイステーションは発売日だけで8タイトル、年内に計17タイトルと、数だけならセガサターンの2倍のソフトがリリースされた。

1994年の年末商戦、「次世代ゲーム機戦争」第1ラウンド

この1994年の日本の年末商戦は、どんな結果になったか？　実は数だけでいえば王者スーパーファミコンの勝利だ。メガドライブの章でも触れたとおり、任天堂の新作『スーパードンキーコング』は全世界で744万本を売り上げ、ハードもさらに多く販売した。

しかしムードという意味では、次世代機は別格だった。任天堂への挑戦権を得るための対決は、いつしか「次世代機でのNo．1争い」となり、セガ対ソニーの対決色が濃厚になる。

※7
メガドライブ初期からのサードパーティーとして活躍したマイクロネットは、セガサターンでは、セガの初期発売タイトルを多数担当。『ワンチャイコネクション』のほか、1月発売の『GOTHA～イスマイリア戦役～』、3月発売の『ダイダロス』などを開発した。

そしてこの「次世代ゲーム機戦争」第1ラウンドは、セガサターンとプレイステーションがほかを圧倒した。プレイステーションは30万台、セガサターンはビクター製の互換機「Vサターン」と2種合わせて50万台を売り切った。１９９４年末はまだ出荷されたハードの数も少なく、「あるだけ売れた」と言われている。

社内での噂だが、この年の『バーチャファイター』のソフトの販売本数は、セガサターンの本体の数を超えたらしい。本体を買うことができなかったファンが、とにかくソフトだけでも持っておきたくて、気持ちを抑えられずに買ってしまったのだろう。このエピソードひとつとっても、当時の次世代ゲーム機戦争の熱狂ぶりがうかがえる。

さて、僕は給料を貯めて作った軍資金で、Vサターンと、スーパー32Xを購入した。メガドライブのパワーアップユニット・スーパー32Xは、日本ではプレイステーションと同じ日に発売され、年内に『バーチャレーシングＤＸ』ほか４本のゲームが発売された。

32Xと同時発売された『スペースハリアー』も、『スターウォーズ・アーケード』もすばらしいアーケードの移植タイトルだった。僕にとってはどんなゲーム機でも人気アーケードゲームを遊べるのが何よりもうれしかったので、新旧の人気タイトルの移植版が遊べる32Xは最適なハードだった。そのためサターンのソフトで買っ

『バーチャファイター』

『バーチャレーシングＤＸ』

たのは『バーチャファイター』だけだった。

地元の親しい友人はプレイステーションを買って、『リッジレーサー』をずっと遊んでいた。最新技術のアーケードゲーム移植タイトルが、セガサターンとプレイステーションという2つのハードを引っ張ったのだ。

その友人はほかにも『A．Ⅳ．EVOLUTION』（アートディンク）や『麻雀ステーションMAZIN』（サンソフト）を購入し、今までのゲームでは見たことのない3D演出を楽しんでいた。最新アーケードゲームでも味わえない3Dビジュアルが、プレイステーションなら体験できたのだ。

ゲームの時代の流れが変わろうとしていた。

ソニーとセガ、それぞれが業界に起こした変革

プレイステーションの登場によって、ソニーはゲーム業界にいくつかの変革を促したと言われている。まずはゲームの主流を2Dから3Dにしたこと。次に流通改革によるリピート（再販、増産）のしやすさ。それから高騰していたソフトの価格帯を半額近く下げたことと、[※8]定価販売の義務付け（のちに廃止）。きわめつきは、なんといっても広告・プロモーション規模の拡大だ。

※8
1994年時点でのスーパーファミコンのソフトの定価は任天堂製のもので9800円、それ以外のメーカーだと1万1400円くらい。これに対してプレイステーションのソフトは5800円だった。

ＴＶゲームのＣＭは、これまでもゴールデンタイムや子供向け番組で見ることができたが、プレイステーションの宣伝はそんなものではなかった。テレビを点けていればひっきりなしに見るような投下量だった。さらには渋谷や新宿の町なかや主要駅構内などの看板広告を大量に確保、テレビも町もプレイステーションが染め上げた。

また広告の内容も、商品の魅力を直接的に伝えるものではなく、あくまでイメージ戦略の一環で、肝心のゲームの画像は隅にちょっとだけ、なんていう宣伝もこのとき始まった。海外ではともかく、日本でここまでの宣伝量は見たことがなく、もはや暴力的とすら言える物量だった。しかもこの広告攻勢は翌１９９５年以降もずっと続いた。

これらの変革はプレイステーションを発売するソニー・コンピュータエンタテインメントが、もともとソニー・ミュージックエンタテインメントから生まれた会社であり、音楽業界の方法論で宣伝を仕掛けたためだと言われている。それに加えてケタ違いの人員と予算で展開していることも、任天堂やセガとは一線を画していた。これにより新参ハードだったプレイステーションは、圧倒的な知名度を手に入れた。マーケティングの勝利だった。

そんな発売初期のプレイステーションのヒット作は『リッジレーサー』が筆頭

だったが、1995年の元旦に発売した（実際は年末に買えたが）タカラの『闘神伝』もスマッシュヒットとなった。

『バーチャファイター』以降、セガ以外の会社から初めて登場した3D対戦格闘が、ナムコの『鉄拳』と、この『闘神伝』だ。『鉄拳』はアーケードゲームとして1994年末に先行して登場しているが、こちらもプレイステーションの技術で作られた業務用ボードを使っており、「プレイステーションがあればどんな3Dゲームも作れる」という参入メーカーの期待は現実のものとなった。

そしてプレイステーションを選んだユーザーは、待ってましたとばかりに『闘神伝』を楽しんだ。格闘ゲームとしての駆け引きはシンプルなものだったが、必殺技や武器攻撃など、『バーチャファイター』があえてそぎ落とした2D格闘おなじみの漫画的な演出を3Dで描いているのが、かえって新鮮に映る。本体と同時に各出版社から一斉に発行されたプレイステーション専門雑誌は、こぞって『闘神伝』を絶賛した。そしてこの『闘神伝』の成功は、プレイステーションでなら無名のタイトルでもヒット作が生まれるというイメージづくりにも貢献し、プレイステーションはいよいよ「勝ちが見えるハード」になってきた。

さて一方のセガは、ソニーの何分の一かの人員と予算ではあったが、メガドライブをはるかに上回る規模で、着実にセガサターンを前に進めた。この頃セガが行った改革は、あまり振り返られることもないので、ここで触れておきたい。

まず1つは「社内クリエイターの実名露出」である。それまでのTVゲーム業界では、ソフトに開発者である社員の実名を掲載することは稀だった。エンディングに映画のようなスタッフロールがあったとしても、そこにはハンドルネームのような仮名が表示されていた。

今なら誰もが知っている中裕司氏や大島直人氏の名は、当時のスタッフロールに見ることはできず、「YU2」「BIGISLAND」などと表示されていた。[※9] 本名を明らかにしない理由は、もっぱら他社からの引き抜きを避けるためと言われていた。その後『ソニック』のヒットと合わせて、続編では一部のスタッフについてのみ、メディアに顔を出せるようになっていたが、それはあくまで会社の代表作に限られていた。

その一方で90年代になってからは、ゲームクリエイターのブランド化も進んでいた。セガ自身も、クライマックスやトレジャーなど、大手メーカーから独立したスタッフが興した開発会社と提携したが、そういう場合は彼らの名を実名で掲載しプロモーションに利用しているという矛盾もあった。

次世代機・セガサターンの表現力はもはや映画にも追いつこうという中で、セガはこの方針を転換し、ゲームも「作品」であるとして、作り手の存在をはっきりと表に出すことにする。1994年末以降、ゲームのスタッフクレジットには、どん

※9
なお例外的に『ソニック』についてはアメリカで開発した第2作以降は本名を表示できた。

な小さな規模のタイトルであっても、全社員がすべて実名で表記されるようになった。

これに合わせてプロモーションの方法も変化する。1995年3月に発売された『パンツァードラグーン』は、オリジナルタイトルではセガサターン最初のヒット作となった。独特の異世界の魅力とそれを表現したリアルタイム3D映像が評価されたが、開発スタッフは発売前から雑誌に登場している。[※10]

管理職や広報担当が代弁して答える旧来のインタビュー記事はこれ以降減り、プロデューサー、さらにはプランナー、デザイナー、プログラマーなど現場の各リーダーが毎号誌面で生の声を語った。もちろんこれは社員の士気高揚にも貢献していたに違いない。

セガのもう1つの変革が、ソフトに推奨年齢を示すレーティングマークをつけたことだ。日本で本格的に導入したのはセガが初めてだった。

実はアメリカでは一足早く1994年秋にゲームのレーティングを決める業界団体「ESRB」が発足している。[※11]ここで中心となって動いたセガが、日本でも基準を設けることにしたのだ。このレーティングはセガサターンの発売と同時に、セガハード向けのすべてのソフトを審査することが義務付けられた。

レーティングがスタートしてから半年後、社内でちょっとした騒ぎがあった。6

※10
なお『パンツァードラグーン』は完成後まもなく続編の開発が決定。「アンドロメダ」というチーム名に合わせ、正統続編となる「ペルセウス」と、この世界観を生かしたRPG「リバイアサン」というコードネームを持った2つのチームに分かれ、3部作として始動する。

※11
ESRB誕生の直接的な原因となったのは、GENESISの「SEGA CD」で発売された『ナイトトラップ』と、アメリカ製対戦格闘ゲームの移植『モータルコンバット』の残虐表現が、社会問題となったのがきっかけだった。

〜7月に発売予定だったセガタイトル『新・忍伝』と『ブルーシード　奇稲田秘録伝』の2作が、どちらも「18歳以上推奨」という、現在のCEROレーティングでいうところの「Z」区分にあたる、きわめて高い審査結果になったことだ。[※12]『新・忍伝』は人気の忍者アクションゲームの新作で、プロのアクターを実写取り込みしたリアルな映像のゲームを目指したのだが、敵忍者を倒すと袈裟斬りで切断される演出が残酷だと指摘を受けた。

一方の『ブルーシード』は、夕方6時に放送されていたTVアニメを題材としたカードバトル・アドベンチャーだ。問題となったのは、戦闘アニメ内でヒロインのパンチラシーンがたびたび登場すること。またアドベンチャー移動時のオマケとして、「いろいろなプリントのパンツを集める」というコレクション要素があることだった。「パンチラ」は、アニメ作品ではおなじみの、いわゆる「サービスシーン」だったが、当時TVアニメでも少しずつこれを問題視する風潮ができてきた頃だった。

対象年齢が上がるということは子供が買いにくくなり、ソフトの売上に影響が出る。特に『ブルーシード』はメインターゲットが中高生だったため、ディレクターは頭を抱えてしまった。

このレーティングの審査を行う部門は、同じセガ社内ではあるものの組織上独立しており、社内のどんな圧力にも屈することのない強い権限が与えられていた。

※12　現在のCEROレーティングマーク（年齢区分マーク）は以下の5種類。A＝全年齢対象、B＝12歳以上、C＝15歳以上、D＝17歳以上、Z＝18歳以上。

『新・忍伝』

ディレクターは異議を申し立てたが、最初の判定が覆されることはなく、ソフトも完成間近な上、修正が困難な内容でもあったため、2作は審査結果のとおり発売されることになった。ゲームの表現力の向上とともに、その影響を意識した開発も求められる時代になったのだ。

この活動は8年後、「コンピュータエンターテインメントレーティング機構（CERO）」として業界全体へと拡大し、TVゲームの発展に寄与した。セガサターンとプレイステーションの誕生とともに生まれたさまざまな取り組みは、現代に受け継がれている。

1995年の第2ラウンドはセガサターンが勝利

話を戻そう。1995年はセガサターン版『デイトナUSA』VSプレイステーション版『鉄拳』という、春の第2ラウンドからスタートした。どちらもアーケードの人気タイトルの移植だ。第1ラウンドの『バーチャファイター』VS『リッジレーサー』のときと同じく対戦格闘とレースゲームの戦いだが、今度はセガサターンがレースゲーム、プレイステーションが対戦格闘での勝負だ。

プロモーションもさらに白熱していく。先手を打ったのはプレイステーションだった。「いくぜ！　100万台」という威勢の良いキャッチコピーのCMととも

『デイトナUSA』

に、ショップの店頭にはソニーの（当時はまだめずらしかった）16：9ワイドテレビ什器がいっせいに設置され、『鉄拳』と『リッジレーサー』の画面が街頭に並んだ。

実はこの時点でのハードの実売台数はセガサターンがプレイステーションをわずかに上回っていたのだが、ソニーは先に「100万台」という具体的な数字を使って宣言することで、あたかも先行しているかのようなイメージを世間に与えることに成功した。


続く5月。アメリカのゲームショー「E3」において、ソニーはプレイステーションを9月に「299ドル」で発売するという発表を行った。これは直前に発表されたアメリカでのセガサターンの価格「399ドル」に対抗した価格だった。

欧米市場ではセガと任天堂による16ビット市場での戦いが続いていたが、日本で始まった次世代機戦争の話題は欧米にも伝わっており、すでに前情報で盛り上がっていた。その影響かGENESIS市場の延命作であった32Xは買い控えられ失敗。

むしろ新ハード展開を始めたセガに戸惑った客は任天堂を選ぶようになり、任天堂は1994年の年末市場で勝利。32Xは、かえってGENESISにとって命取りとなった。北米のセガ（SOA）はあわててセガサターンの投入を前倒しすることを決めたが、そこへこの299ドルという発表があり、次世代機でソニーに先手を取られた格好となった。

またアメリカを受け、日本でも7月からは本体価格を1万円下げた2万9800円にすると告知された。発売からわずか半年で大きな値下げするというのは、これまでの常識では考えられないことだった。

しかしこのときのセガの動きは早かった。すかさず翌6月に「ありがとう100万台」と先に100万台へ到達したことをアピールしたキャンペーンを展開。同時に、ソニーよりも1カ月早く本体価格を1万円下げた。加えて本体装着率100%以上とも言われた『バーチャファイター』に、『鉄拳』と同様のテクスチャーマッピングを施したアレンジ版『バーチャファイターリミックス』を同梱するという大盤振る舞いで応戦した。続いて夏には「セガールとアンソニー」というチンパンジーを使った比較広告風CMを公開。ソニーへの対決姿勢を露わにした。もちろんこれは、1991年に北米でGENESISがSNESの出鼻をくじいたときのプロモーションにならったものだ。

一方、次世代機について沈黙の続く任天堂はこの頃、発売を1996年春に延期することを発表。1995年末もセガサターンとプレイステーションの一騎打ちになることが確実となった。

夏は双方切れ目なくタイトルが投入され、プレイステーションの『アークザラッド』（SCE）VSセガサターンの『リグロードサーガ』による、オリジナルのシ

100万台を記念して、『バーチャファイターリミックス』を同梱

ミュレーションRPG対決が目玉になった。プレイステーションからはほかに『アクアノートの休日』（アートディンク）、『機動戦士ガンダム』（バンダイ）、『エースコンバット』（ナムコ）など3Dを生かした話題作が登場。

対するセガサターンは『シャイニング・ウィズダム』『魔法騎士レイアース』など、これまでセガの弱点とされていたRPGで勝負するプロモーションを展開したが、ソフトはどちらもセガからの発売で、かつアクション要素がメインの内容だった。そしてこの夏もサードパーティーの有力タイトルはなかなか現れなかった。

続く秋はセガサターンの『シムシティ2000』と『ワールドアドバンスド大戦略』（ライセンスタイトルだが、ともにセガ発売）に対し、プレイステーションは『ボクサーズロード』（ニュー）、『ときめきメモリアル』（コナミ）というSLG対決。2機種とも堅調にハードを普及させた。

そして発売から1年、年末商戦が再びやってきた。プレイステーションは1年前に出たヒット作の第2弾『リッジレーサーレボリューション』（ナムコ）と『闘神伝2』（タカラ）、アーケードのヒット作の移植『ストリートファイターZERO』（カプコン）などがラインナップ。中でもセガの開発子会社であったはずの株式会社ソニックのスタッフが〝分家〟して作ったRPG『ビヨンド ザ ビヨンド』（SCE）は、セガに衝撃を与えた。[※13]

※13 ソニーはこのタイトルの広告を、よりによって京急蒲田駅のプラットフォームへ掲げた。当時、空港線・大鳥居駅にあったセガの本社へ行く際に、必ず乗り換える必要があったプラットフォームの看板の一番目立つところに、わざわざ展開したのだ。今も忘れられない思い出である。

しかしセガサターンの年末商戦は盤石だった。まずこの1年に出たアーケードのヒット作を全部出したというラインナップが並ぶ。光線銃「バーチャガン」を同梱した『バーチャコップ』、レースゲーム『セガラリー・チャンピオンシップ』、そしてリリースから1年経ってもなお人気が衰えることのない怪物的ヒット作『バーチャファイター2』である。

ここにきてようやくセガサターンにもサードパーティーの人気タイトルが登場。アトラスのRPG『真・女神転生デビルサマナー』、カプコンの『X-MEN』、タイトーの『ダライアス外伝』に、バンダイの『機動戦士ガンダム』(夏に出たPS版とは別作品)。そして1年前のプレイステーションのヒット作『闘神伝』までをセガ自身で移植。強力なタイトルが出そろった。

その上ダメ押しで本体の5000円キャッシュバックキャンペーンまで開始。セガとしてはこの1995年の年末商戦がプレイステーションとの天王山だった。この戦いに勝利して、あくる年の任天堂の次世代機との戦いへ臨むのだ。

そしてその結果は……セガサターンの大勝利に終わった。あまりに売れすぎて、大量に用意した本体の在庫がなくなってしまったほどだ。本体の販売台数は200万台を超え、『バーチャファイター2』は次世代機向けソフトで初めて100万本の大ヒットとなった。完全勝利であった。

『バーチャコップ』

『バーチャファイター2』

社員全員が喜びに沸き立った。日本で初めてセガが勝利した年末商戦だった。みんな笑顔で1996年の元旦を迎え、心おだやかに新年を過ごした。

そう、あのテレビCMを見るまでは。

「ファイナルファンタジーⅦ、始動」

1995年の年末商戦は、発売から1年経った次世代ゲーム機が大きく市場を拡大した。前世代機のスーパーファミコンが『スーパードンキーコング2』（任天堂）、『ドラゴンクエストⅥ』（エニックス）などを発売し、前年に続き好調な一方で、特にセガサターンは大きく盛り上がった。年末を待たず本体は完売、プレイステーションに先駆け国内販売200万台を達成。このまま1996年もセガサターンの快進撃が続くだろうと思われた冬休み明け、テレビで60秒の長編CMが公開された。

「ファイナルファンタジーⅦ、始動」
「1996年12月発売予定」
「プレイステーション」

ゲーム業界は騒然となった。「ファイナルファンタジー」はこれまでずっと任天堂のハードで発売されてきた人気ゲームで、「ドラゴンクエスト」と双璧をなすRPGの人気シリーズだ。しかも発売元のスクウェアは特に任天堂と関係が深いとされていたメーカーで、この3月には任天堂と2年をかけて共同開発したスーパーファミコン用『スーパーマリオRPG』が発売されるというタイミングでもあった。

そんな中での突然のビッグタイトル移籍&スクウェアのプレイステーション参入発表である。発売は12月。あと1年も待たずにFF最新作がプレイできるのだ。人々はもはや「次世代ゲーム機」ではなく、「ファイナルファンタジー」の新作を遊ぶためのゲーム機を求めていた。

この発表を皮切りにプレイステーションは反転攻勢、「スーパーファミコンの次はプレイステーション」というイメージを定着させるべく、『ファイナルファンタジーⅦ』を主軸にした、1年に渡るプロモーションを展開する。これはこの春発売となる「ニンテンドウ64」への牽制でもあった。

スーパーファミコンと同じ2万5000円という低価格で、満を持して4月に発売（のちに6月に延期）される任天堂の新ハードに対抗するため、セガサターン、プレイステーションはともに本体の価格をさらに下げる。

まずセガは、白い本体カラーの新型セガサターンを3月に2万円という低価格で発売。プレイステーションは春に２万４８００円、５月に１万９８００円へと、段階的な値下げを行った。どちらも発売から１年半で半額以下の値段だ。Ｅ３に合わせてアメリカでも１９９ドルに下げた両ハードは、いよいよ本格的に全世界的な市場拡大を目指した。

充実した1996年のセガサターンラインナップ

さて話を年始に戻す。年明け早々に『ファイナルファンタジーⅦ』ショックこそあったものの、セガ社内の士気はきわめて高かった。ＦＦの発売はまだ１年も先であり、普及台数もセガサターンがリードしている。

前世代機メガドライブやゲームギアの開発も縮小され、アーケード開発部門も互換システム基板「ＳＴ-Ｖ」向けタイトルを開発することで、一部のラインではセガサターンのソフト開発に取り組むようになった。開発環境にも慣れてきて、ハードスペックを生かしたタイトルが続々と発売を迎えた、１９９６年のセガサターンの思い出話にまとめて触れてみたい。

まずスポーツタイトル。前年セガは２本の野球ゲームをリリースしていた。１本は美しいグラフィックにおなじみの操作で遊べる、セガサターン向け『完全中継プ

AOUショーのST-V展示の様子（1995年2月）

『完全中継プロ野球グレイテストナイン』

ロ野球グレイテストナイン』。もう1本は独自の投打システムを取り入れた、メガドライブ向け『超球界ミラクルナイン』。

この2本のゲームを見た当時の中山社長が言った。「これは逆ではないか？　斬新なシステムは新しいハード向けに出すべきでは？」と。その問いに対する答えが、新システムと完全3D化の両方を果たした、春発売の『ビクトリーゴール'96』だ。さらに翌年発売の『グレイテストナイン'97』と合わせ、次世代スポーツゲーム市場を一歩リードした自信作が生まれた。

そして、世界でも類を見ないサッカー・シミュレーションが2月に初めて登場した。それが『Jリーグ プロサッカークラブをつくろう!』である。「『ダービースタリオン』は最高のゲームだから、あれを先に発売した次世代機が勝つ!」と常々語っていたダビスタ好きのプロデューサー辰野英志氏が、ダビスタをお手本に自ら生み出したゲームだ。

完成した唯一無二のゲームは大ヒットこそしなかったが、手にしたユーザーに強く支持され、可能性に満ちたタイトルになった。ただ試行錯誤を重ねた開発の影響か、バグ潰しは最後の最後まで難航して会社を悩ませ、スタッフが求めた続編開発はペンディングされた。

3月には、当時放送中だったTVアニメをゲーム化した『新世紀エヴァンゲリオ

『Jリーグ プロサッカークラブをつくろう!』

ン』も発売となった。当時セガはおもちゃを手掛けるトイ事業部の拡大を目指してTVアニメのスポンサーを積極的に行っており、前年の秋から始まった『新世紀エヴァンゲリオン』には特に力を入れていた。※14

しかし年末商戦でセガが発売した「エヴァンゲリオン初号機」などのアクションフィギュアは売れず、店頭で山積みに。問屋に失敗作の烙印を押されたエヴァは、同月発売の『パンツァードラグーンツヴァイ』や『ドラゴンフォース』『ビクトリーゴール'96』などが20万、30万もの受注を集める一方で、たった2万本しか注文が来なかった。

もちろん当時のファンならご存じのとおり、エヴァの人気は年が明けた頃からすごい勢いで高まっていたのだが、問屋でそれに気づいたところはなかった。開発リーダーは「絶対に足りなくなる。自分が費用を肩代わりしてでも10万本製造してくれないか」と会社へ懇願したが、一社員がそんな責任を持つことなどできるはずもなく、ソフトは発売され、案の定即完売となった。

当時のセガはソニーと比べて今ほどリピート製造のスピードは早くなかったため、次の出荷は放送終了後。開発チーム一同はチャンスロスに落胆するが、エヴァはこれまでの作品とは違った。月末に放送された最終回後に人気がさらに大爆発。翌月には映画化も発表となり、ゲームソフトはリピート販売を順調に重ね、数十万本のヒットとなる。開発チームには続編の開発がオーダーされた。

※14　メガCDの『3×3 EYES』以降、セガはキングレコード関連のアニメーションを積極的にスポンサードしており、TVアニメで『機動戦艦ナデシコ』、『少女革命ウテナ』などは、ゲーム、トイともに積極的な展開を行った。

秋の玩具見本市（1996年8月）

セガサターンの思い出として、いまだによく語られることもあるシミュレーションＲＰＧ、『ドラゴンフォース』も非常に難産だった。スタート後しばらくして、開発を依頼していた外注会社の経営が傾いてしまったのだ。

　開発を継続させるため、セガは外注会社のスタッフすべてを社内に吸収し、さらにてこ入れのため内製スタッフを大量に投入。粗の目立つ仕様（開発の設計図）を見直しながら組み上げ、猛スピードで完成させた。売りだった１００対１００の戦闘後の「一騎討ち」も当初仕様が存在せず、開発終了間近にあわてて追加したことなど、よく完成できたものだと驚かされる逸話も多い。

　有名なあの事件もこの春に起きた。３ＤＯでリリース後、プレイステーションとセガサターンに移植され、大きな話題を呼んだホラーアドベンチャー『Ｄの食卓』。その開発会社ＷＡＲＰ（ワープ）が手がけるオリジナル新作『エネミー・ゼロ』は、当初プレイステーション独占タイトルとして発表され注目されていた。しかしある日、なんの前触れもなく、プレイステーションからセガサターン向けにプラットフォームを変更するという発表が行われたのだ。

　しかもその発表会場は、なんとソニー主催の「プレイステーションエキスポ」のイベントブース内。ゲームの内容以上におきて破りのパフォーマンスが目を引く、このＷＡＲＰという野心的なメーカーとその社長である飯野賢治氏は、年末の『エ

『ドラゴンフォース』

『エネミー・ゼロ』

ネミー・ゼロ』発売後もセガハードを軸に、業界へ話題を振りまいていく。

「X指定」タイトルが花開いたのもこの1996年の春だった。「X指定」とはセガ独自レーティングで最も年齢の高い、18歳以上向けのものを指す。先の『ブルーシード』よりもさらに上のランクだ。これは完全に大人向けソフト用のレーティングだった。

セガサターン以前でも、PCエンジンではアーケードの脱衣麻雀ゲームや、PC向けアダルトゲームの『同級生』など大人向けのゲームが移植、発売されていたが、どれもお色気要素を大きくカットしたアレンジがほどこされていた。

セガサターンはそこへ一歩踏み込み、これまで家庭用ゲームソフトにはそのままの内容では不可能と言われていた大人向けの、いわゆるアダルトゲームに門戸を開き、裸体や性描写を表現したままの移植を可能とした。

これを受けて参入したのが、当時PCのアダルトゲームで最も人気のあるメーカーであったエルフだ。エルフは第1弾として『野々村病院の人々』をリリースした。この2年前にPC向けに発売されたアドベンチャーゲームの移植だが、セガサターン版では最低限の修正で、ほぼオリジナルのままのシナリオ、グラフィックが再現され、一流の声優による音声までも追加された。本作はその話題性と、シナリオ自体のおもしろさも評価され、セガサターン版だけで40万本を超えるヒットを記録した。

その後もエルフに続けとばかりに、『きゃんきゃんバニー・プルミエール』（KID）や『美少女雀士スーチーパイII』（ジャレコ）など大人向けゲームが続々とセガサターンに移植されていき、いずれもヒットする。

ただし、これはセガサターンにとっては、予想を超えた反響で、予期せぬ問題も起きた。まず業界全体でのレーティング制度が導入されていなかった中で、レーティング別による販売コントロールが不十分で、アダルトゲームを子供でも買える状況が発生した。折しもこの時期はハードの価格が下がり、ユーザーの拡大期であったので、TVゲームファンの主軸となっていくライト層や低年齢層が購入を検討するにあたり、アダルトゲームは、むしろないほうが買い与える親にとっては安心だった。

結果としてこの施策は、かえってセガサターンを悪目立ちさせてしまうことになった。結局、この秋にセガは苦渋の決断として「X指定」を廃止し、大人向けジャンルを制限することにした。

この1996年夏はニンテンドウ64と同時発売の『スーパーマリオ64』に対抗して、ソニックチーム2年ぶりの新作『NiGHTS into dreams...』を発売した。ソニックと同様、爽快感とスピード感のあるゲーム内容はもちろん、ニンテンドウ64

『NiGHTS into dreams...』のバルーン（東京おもちゃショー／1996年6月）

の特徴となっていたアナログ入力デバイス「3Dスティック」の向こうを張って、「セガマルチコントローラー」、通称マルコンというアナログコントローラーを新たに開発しソフトに同梱。なめらかな動きを可能にしたアナログ操作は『NiGHTS』の大空を飛ぶ動きにもぴったりで、その後もマルコンはレースゲームなどでも真価を発揮した。

さらに同じタイミングで、あのハドソンによるセガサターン向けタイトル『サターンボンバーマン』が発売になった。ハドソンといえばファミコン、PCエンジンを支えてきた人気メーカーである。これまで次世代機ではPC-FX向けにのみソフトを提供していた。北米の覇者GENESIS向けの海外でのソフト発売こそあったとはいえ、セガにとっては長年ライバルだったメーカーでもあり、セガが苦手としていた若年層のファンを多く持つことでも知られていた。

そのハドソンがほぼ独占的にソフトをリリースしてくれることになったのだ。参入第1作となった『サターンボンバーマン』発売時には専用のマルチタップとコントローラーをハドソン自身が同時発売するほどの力の入れようだった。

そして秋にはついに『サクラ大戦』が発売となった。豪華スタッフによる独特の世界観、キャラクター、音楽などを、発表会を開いて世間に披露したのは発売の1年前、1995年の秋だった。しかし外部での開発で始まったものの、『ドラゴン

『サクラ大戦』

フォース』と同様、スタートから間もなくして頓挫してしまう。
改めて社内開発としてリスタート、『ブルーシード』開発スタッフを中心に、『ドラゴンフォース』の社内スタッフが合流。発表会の内容から逸脱しない範囲で、ゲーム内容、システムなどをイチから作り直した。一時はプロジェクト中止もささやかれながら奇跡の復活を遂げた本作は関係者の予想を超えた盛り上がりを見せ、栄えある第1回CESA大賞（のちの「日本ゲーム大賞」）を受賞した。

大作だけではない。例として対戦格闘ゲームを列挙すると、1月に『ストリートファイターZERO』（カプコン、9月に『2』も）と『ガーディアンヒーローズ』が。2月に『ヴァンパイアハンター』（カプコン）。3月は『ザ・キング・オブ・ファイターズ'95』（SNK、12月には『'96』も）。6月に『餓狼伝説3』（SNK）、9月に『リアルバウト餓狼伝説』（SNK）、11月に『サムライスピリッツ斬紅郎無双剣』（SNK）と、2D格闘ゲームの人気タイトルが続々とリリースされた。

3D格闘も夏に『ファイティングバイパーズ』、年末には『ファイターズメガミックス』と連発。同じく年末にはアーケードで大ヒット中の対戦ロボットシューティング『電脳戦機バーチャロン』も見事な再現度で2人対戦まで実現し、「X-BAND」という専用回線を使ったオンライン対戦版までが用意された。

そのほか『ガングリフォン』（ゲームアーツ）、『機動戦士ガンダム外伝』（バンダイ）

『ガーディアンヒーローズ』

『ファイティングバイパーズ』

といったオリジナルのロボットFPSタイトル、プレイステーション版から追加要素を加えた『ときめきメモリアル』（コナミ）もこの年に発売された。とどめに年末には、プレゼント専用ソフト『クリスマスナイツ冬季限定版』を同梱したスペシャルセット本体を発売。大きな話題となり販売数を伸ばした。

１９９６年のセガサターンのラインナップは史上最高の充実度と言えるもので、ファンにとっては夢のようなタイトルラッシュだったに違いない。セガサターンはこの年だけでさらに２００万台を販売し、国内合計４００万台となる。メガドライブが6年かけた実績をたった2年で抜き、セガの国内ハードの最高販売台数を更新した。

国内500万台を売り上げるプレイステーション

それでも今から振り返ると、１９９６年は多くの人にとってプレイステーション躍進の年として記憶されていることだろう。

まず日本のゲーム業界全体でこの春の最大のヒットは、カプコン無名の新作『バイオハザード』だった。これまでも『クロックタワー』（ヒューマン）や『弟切草』（チュンソフト）など恐怖を扱ったゲームはスーパーファミコンなどでもあったが、

『電脳戦機バーチャロン』（東京ゲームショウ／１９９６年8月）

『バイオハザード』はそれらとは一線を画していた。ＰＣのヒット作『アローン・イン・ザ・ダーク』[※15]（インフォグラム）を、カプコンならではの業界最高峰のビジュアルと演出で作り替えた本作は、映画ですら味わったことのない恐怖を味わえることが話題で、世界的にも『アローン・イン・ザ・ダーク』をはるかに上回る人気となり、歴史に残るゲームとなった。

そして夏のゲーム業界を席巻したのは、半年早い『ファイナルファンタジーⅦ』旋風だった。正しくはスクウェアのプレイステーション参入第１弾タイトル『トバルＮｏ．１』に同梱された〝体験版〟旋風だ。

『トバルＮｏ．１』は、『バーチャファイター』と『鉄拳』を開発したスタッフがスクウェアの資金を得て独立し開発、鳥山明がデザインしたキャラクターも目を引く新作３Ｄ格闘ゲームだ。しかしそういった話題性のある本編の魅力すら、『ＦＦⅦ体験版』というオマケの存在にかき消された。序盤を少しだけしかプレイできなかったにも関わらず、これを遊んだかどうかがその夏のゲームファンのあいさつ代わりになっていた。

秋も『女神異聞録ペルソナ』（アトラス）など新たな作品が話題を集めながら、三度目の年末商戦。待望の『ファイナルファンタジーⅦ』は翌年へと延期になっていたが、ソニー自身が提供するタイトルが続けざまに成功を収めた。

音楽ゲーム『パラッパラッパー』、ＲＰＧ『ワイルドアームズ』、そしてプレイス

※15
１９９２年にＤＯＳ／Ｖパソコン向けなどで発売され主に海外でヒットしたアドベンチャーゲーム。１９９４年には家庭用ゲーム機向けとして３ＤＯ版も発売されている。

テーションを代表するアクションとなる『クラッシュ・バンディクー』だ。年齢・性別に関係なくすべてのユーザーにアピールしたこの3作（夏のRPG『ポポロクロイス物語』も含めると4作）のヒットとともに、ソニーはソフトメーカーとしても一流の仲間入りを果たした。

プレイステーションは年末にハードが完売するほどの勢いで、『ファイナルファンタジーⅦ』の発売を待たずセガサターンを追い抜き、５００万台近くまで台数を伸ばした。

ここまで熱いゲームファンに支えられてきたセガサターンに足りなかったのは、プレイステーションのヒット作にあるような、ターゲットに縛られない万人向けのゲームであり、セガが苦手としてきたＲＰＧのヒット作だった。

海外にも目を向けてみると、１９９ドルになったプレイステーションが日本以上にブレイク、全世界合計で１０００万台を突破した。つまり欧米でも５００万台ほどが出ていたことになる。セガサターンが北米で１００万台を突破した頃、プレイステーションは2〜3倍の実績を収めており、日本では１００万台差であっても全世界では、この年末で倍近くの差が生まれていたのだ。

ゲーム機の全体シェアで見れば、この頃はまだ任天堂とＧＥＮＥＳＩＳを有するセガは高いシェアを持っていたが、そこにソニーが大きく存在感を示したのがこの

1996年だった。

なお6月にようやく発売されたニンテンドウ64は、同時発売の『スーパーマリオ64』はもちろん、年末に発売された『マリオカート64』も大ヒット。たった半年で100万台以上を売り上げたが、年内にリリースされたタイトルはわずか10本だった。※16 この年末も任天堂はスーパーファミコンが主力であり、『スーパードンキーコング3』や『ドラゴンクエストⅢ』(エニックス)が人気だった。

ついに数で逆転され、プレイステーションを追う立場となったセガサターンは巻き返しを図るが、1997年はさらなる波乱と混乱が待ち受けていた。

『ドラゴンクエストⅦ』とセガバンダイ

『ファイナルファンタジーⅦ』がいよいよ1月末に発売ということでプレイステーションは過去最大の盛り上がりを見せていたが、その直前にさらなるビッグニュースが立て続けにやってくる。

最初のニュースはプレイステーション向け『ドラゴンクエストⅦ』発売決定の発表だ。この年最初にして最大の事件でもあった。当時のドラクエ人気はファイナルファンタジーを凌ぐもので、日本の人気RPGのトップ1、2がスーパーファミコ

※16 ニンテンドウ64の参入メーカーが少なく、ラインナップが充実しなかったのは、開発難易度が高かったこと、プレイステーションやセガサターンと異なり、CD-ROMではなくスーパーファミコンと同様のカートリッジ式のソフトだったため、製造リスクが高かったこと、プレイステーションがすでに大きな市場を確保しており、後発のハードに参入するメリットが低かったことなどが考えられる。

ンからプレイステーションへと場を移したことになる。『ワンダープロジェクトJ2』でいち早くニンテンドウ64に参入していたエニックスが、ドラゴンクエストの供給先をプレイステーションにしたことについては、その苦戦からある程度予想はされていたが、実際に正式な発表が出るとインパクトがあった。

もちろんこのニュースはセガサターンにとっても大きな衝撃を与えた。数年前からエニックスと交渉を続けていたセガは同日、「セガサターンへのエニックス参入」という貴重な発表を得ることができたのだが、そこにはドラゴンクエストの名はなかった。つまりドラクエが遊べるハードはセガサターンではないことも決まってしまったのだ。

エニックスは雑誌のインタビューでも繰り返し「ドラクエは最も勢いのある、一番売れているハードに」と語っており、１９９６年商戦で勝者となったプレイステーションを選んだのだ。「ＦＦがなくても、もしドラクエがセガサターンに来てくれれば逆転も可能だ」と期待を寄せていたセガ陣営は大きく肩を落とした。

このニュースは新聞でも大きく報じられ、「次世代ゲーム機戦争の勝敗が決まった」という見方さえされた。実際にプレイステーションで『ドラゴンクエストⅦ』が発売されるのは、この発表から3年半もあとの２０００年8月になるのだが、『ファイナルファンタジーⅦ』のときと同様、どのハードを持っていれば次のドラゴンクエストが遊べるのかが大事なのだ。

続いてその翌週にもう1つのビッグニュースがやってくる。セガとバンダイ、2大メーカー合併の発表だ。8カ月後の10月をめどに、「セガバンダイ」という1つの会社になるという。

バンダイは前年発売のデジタル携帯ペット「たまごっち」が大ヒットしていたが、同じ年に発売したマルチメディアマシン「ピピンアットマーク」※17が不発に終わっていた。一方のセガは、前年ゲームセンターに登場したプリントシール機の元祖「プリント倶楽部」が大ヒット中だったが、セガサターンが苦戦していた。

どちらも社会現象と呼べるほどのヒットを生みながら、次世代ゲーム機戦争で次の一手が欲しい。そんなタイミングでの発表であった。

あの発表のあった日のことはよく覚えている。サターン事業部のあった本社6階に、偶然僕はいた。時刻は昼の3時くらいだっただろうか。もちろん、ほぼすべての社員はそこで初めて知った。ざわざわとした空気がフロアを、会社内を覆った。

期待と不安が入り乱れる中、ゲームの開発スタッフはみんなポジティブだった。日本最強のキャラクタービジネスの会社と合併したあと、自分たちはどのようなゲームを生み出すのだろう？　第二次大戦のドイツ軍を指揮する硬派なシミュレーションゲーム『アドバンスド ワールドウォー 千年帝国の興亡』は、3月の発売へ向けてちょうど開発を終えたばかりのタイミングだった。

開発チームの「チームパイナップル」は、完成直後でハイテンションになってい

※17
1996年発売。マッキントッシュで世界的人気のPCメーカーであったアップルとの共同開発が話題となったバンダイのマルチメディアマシン。次世代ゲーム機戦争の陰で270億円もの損失を招いた顛末は、2021年、NHKで放送された「神田伯山のこれがわが社の黒歴史」の第1回「バンダイ〝世界一売れなかったゲーム機〟」で当事者によって語られ、現在は多くの人に知られるものとなった。

たときに舞い込んだニュースだったからか、特別胸を躍らせているように見えた。数日後には『ジオン公国の興亡』という名前のゲームがセガサターンの開発機上で動いていたからだ。戦車だったユニットはすべてザクやジムになっており、数面を遊ぶことができた。いくらなんでも時期尚早だった。ともかく、ドラクエもＦＦも関係ない。俺たちがセガサターンをこれからも盛り上げるぞ！という気持ちを新たにさせてくれたニュースだった。

伸びるプレイステーション、失速するセガサターン

その後の１９９７年春はセガサターンにとってうれしい話題が続く。翌２月はチュンソフトがセガサターンに参入。スーパーファミコンで発売されていた『弟切草』、『かまいたちの夜』に続く新作サウンドノベル『街』を発表した。３月にはバンダイの子会社バンプレストが、シリーズで初めてのセガサターン向け新作『スーパーロボット大戦Ｆ』を発表した。フルボイスになった戦闘シーンと「新世紀エヴァンゲリオン」※18の参戦が目玉となっており、これは当時、エヴァのゲーム化権をセガが持っていたことにより実現したものだった。

春に発売されたセガサターンのタイトルは、アーケードの良質な移植『ダイナマ

プリント倶楽部

※18
セガは『新世紀エヴァンゲリオン』のTV放送でのメインスポンサーだったので、TVゲーム化やおもちゃ化の独占的な商品化権を与えられていた。こういった権利は当時だとだいたい放送開始から2年間。セガは2年で3本のゲームをリリースした。ちなみにプラモデルなどの権利も持っていたため、この時期はバンダイのエヴァのプラモデルのパッケージなどにもセガのロゴが入っていた。

イト刑事』や『蒼穹紅蓮隊』（ＥＡビクター）、ファンの要望を受けて作られたリメイク版『デイトナＵＳＡ ＣＩＲＣＵＩＴ ＥＤＩＴＩＯＮ』や『サイバーボッツ』（カプコン）、人気絶頂期のリリースとなった『新世紀エヴァンゲリオン 2nd Impression』や『機動戦艦ナデシコ　～やっぱり最後は「愛が勝つ」？～』といったＴＶアニメのライセンスタイトル、そしてようやく発売となったハドソンの人気ＲＰＧ新作『天外魔境　第四の黙示録』、さらに『バーチャファイター』の技術を応用した新しいソフト『デジタルダンスミックス Vol.1 安室奈美恵』など。

しかし専門誌でそれら以上に存在感を示していたのは『EVE burst error』（イマジニア）と『下級生』（エルフ）というアダルトなアドベンチャーゲームであった。前年秋の「Ｘ指定」レーティング廃止に伴い、セクシャルなビジュアルは控えめになっていたが、性行為を思わせる描写など、シーン自体はオリジナルどおり残っていた。どちらにしてもプレイステーションでは発売されない傾向の大人向けゲームだったため、これらのタイトルはセガサターンでしかできないということで注目を浴びた。

いずれもシナリオ自体のおもしろさは折り紙付きで、特に『ＥＶＥ』は専門誌『セガサターンマガジン』の名物企画であった読者人気ランキングにおいて、最終1位を獲得するほどの評価を得ている。

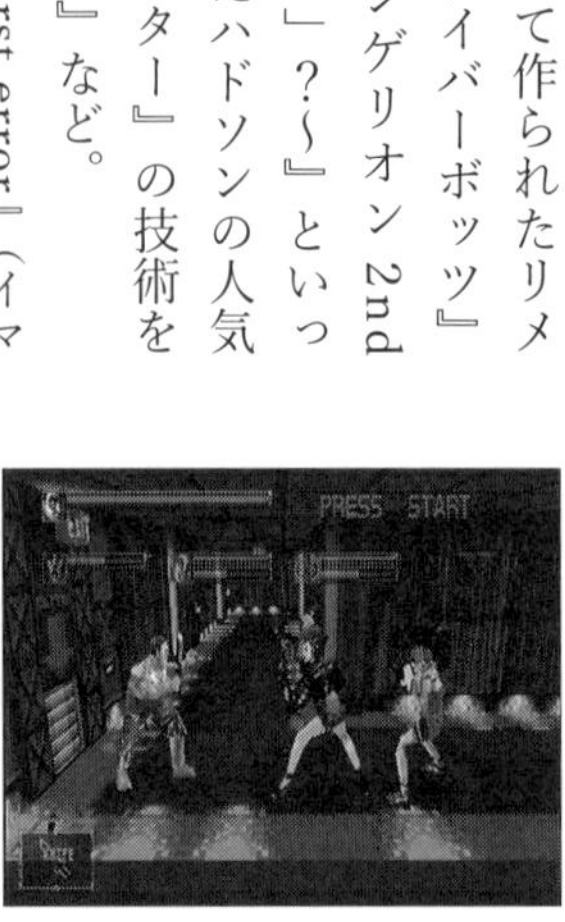

『ダイナマイト刑事』

また、セクシャル要素はないが美少女が登場する恋愛ものもセガサターンでは目立っていた。特に3万本限定で発売された『センチメンタルグラフティ ファーストウィンドウ』（NECインターチャネル）は、原作ものでも移植ものでもないキャラクターのプレビューディスク[※19]であるにも関わらず、大きな話題となった。魅力あるキャラクターデザインで期待を集められれば、ゲーム本編が発売前であってもすでに商品力を持っていたのだ。まだ黎明期だったゲームキャラクターのメディアミックスが、ゲームを追い越して商業的成功を収めた記念碑的なタイトルだったかもしれない。

前年秋に発売されたあとも人気上昇中の『サクラ大戦』も、春以降にいくつかのファンディスクを発売した。特に『花組対戦コラムス』は、ストーリー要素のあるぜいたくなパズルゲームで、シリーズで唯一セガの社内スタッフが本編以外で手掛けたソフトである。実は『サクラ大戦』はあまりに急なスピードで開発をしたため、スタッフの一部は疲弊していて続編への参加をためらった。そこで新たなメンバーを加え、再編成したのがこのコラムスの開発チームだったのだ。その後『サクラ大戦2』以降のナンバリングタイトルを生み出す「サクラ大戦チーム」の誕生は、ある意味この『花組対戦コラムス』から始まったと言える。

このように春も話題の多いセガサターンのラインナップだったが、結果を見れば

※19
いわゆるお試し盤のこと。本作には、本編に登場するヒロインのイラストや設定画像、声優オーディション風景などが収録された。

『花組対戦コラムス』

やはりプレイステーションが5月時点で国内750万台と、年末から1・5倍の成長を示していた。『ブシドーブレード』（スクウェア）、『クーロンズ・ゲート』（SME）、『エースコンバット2』（ナムコ）、『悪魔城ドラキュラX』（コナミ）など話題作もあったが、この成長のほとんどは「ファイナルファンタジー」と「ドラゴンクエスト」の功績によるものだろう。

また海外では本体をさらに50ドル下げ149ドルにした。これは、かつて北米でSNESが発売される際に、先行するセガが急遽GENESISを値下げしてつけた価格と同じであった。いよいよ誰もが「次世代ゲーム機」を手に入れられる価格になったということだ。

ニンテンドウ64も本体価格を日本では1万6800円、北米では150ドルに下げた上、新作『スターフォックス64』も抜群の完成度で気を吐いたが、夏の『ゴールデンアイ007』など、四半期ごとに出る任天堂発売ソフトだけが話題になる傾向には変化がなく、国内では伸び悩む。

毎年ヒット作を出し続けてきたスーパーファミコンも、1997年は発売されるソフトもわずかとなり、現役引退も時間の問題となっていた。

ただし任天堂には第3のハードであるゲームボーイがあった。スーパーファミコン以前に発売されているゲームボーイは人気もここ数年は落ち着いており、この頃には雑誌の新作発売予定カレンダーにも残り数本のみという状況だった。ところが前年発売した『ポケットモンスター赤・緑』が、小学生のバイブルである月刊誌『コロコロコミック』[※20]のバックアップもあって徐々に盛り上がっていき、4月にTVアニメが始まるとその人気をいっそう加速させていった。年々広がっていくポケモンブームは、本来終焉を迎えるはずだったゲームボーイ本体そのものの命をもよみがえらせていく。

ハードの販売台数がV字回復するゲームボーイとは反対に、セガサターンは急速に失速していった。海外でのプレイステーションとの差が明白になり、社内からも「失敗」というような言葉がささやかれてくると、セガサターンに代わる「さらなるセガの次世代ハード」の噂が海の向こうの北米からちらほらと聞こえてくるようになった。そのニュースを日本のメディアが取り上げると、国内にも不安が広がるというネガティブなスパイラルが始まっていくのだった。

そこへ来て5月末。バンダイ側から合併解消の通知が届く。世紀の大合併となるはずだった「セガバンダイ」の計画は、わずか4カ月で立ち消えてしまった。それぞれの会社と経営陣の信用に与えたダメージは予想以上で、ここまでセガとバンダイを大きくしてきた両社の社長は、時期は異なるがその後まもなく経営を退くことになる。

※20
TVアニメ版の主人公サトシは、1997年の4月から冒険に旅立ち、（同年12月の4カ月の休止を除き）休みなく続けられ、2023年の3月に旅を一旦終えた。26年もの長い旅だった。しかし主役が交代しただけで、TVアニメ『ポケットモンスター』はその後も続いている。

セガがごたごた、任天堂が苦戦している中で、夏もプレイステーションのタイトル数は順調に増える一方だった。前世代機の勝者スーパーファミコンが急速に影響力を失っていく代わりに、プレイステーションのタイトルは『ファイナルファンタジータクティクス』（スクウェア）、『ダービースタリオン』（アスキー）、『アーマード・コア』（フロム・ソフトウェア）、『モンスターファーム』（テクモ）など老若男女、ライトからコアまでにアピールする強力なタイトル群が形成されてきていた。この夏の終わりにはハードが全世界2000万台突破のアナウンスが出され、夏発売の『みんなのGOLF』（SCE）には、ソニーで初めて100万本出荷というリリースも出された。

セガサターンは『ラストブロンクス』、『リアルサウンド』（WARP）、『サンダーフォースV』（テクノソフト）などを夏に出すも、前評判ほどの実績が出せず苦戦したが、秋には『スーパーロボット大戦F』（バンプレスト）、『デッド オア アライブ』（テクモ）、そして『カルドセプト』（大宮ソフト）などサードパーティーの有力なタイトルが登場。加えて『サクラ大戦2』『シャイニング・フォースIII』というセガの人気作続編の発表もあって期待を繋げた。

ところがその明るい雰囲気を壊したのは、やはりニュースメディアだった。年末の強力なラインナップをアピールしていた9月の東京ゲームショウの最中に、日本経済新聞において「セガがマイクロソフトと128ビット機を共同開発」という報

『ラストブロンクス』

『シャイニング・フォースIII シナリオ1 王都の巨神』

道が出てしまう。記事によると発売は1年後と具体的で、春から散発的に漏れ伝わっていた新たな次世代機の噂の信憑性を大きく増す内容だった。

とはいえ、この年末のセガサターンのラインナップは不発だった前年とは異なり、他機種に決して見劣りすることのない「最後の」輝きがあった。先陣を切ったのは『Jリーグ プロサッカークラブをつくろう！2』だ。秋の発売がずれ込んだのは単純に開発の遅れによるものであった。一度は会社に拒否され断念したものの、2年かけてようやく認めてもらった悲願の続編制作であったが、プログラムを一から作り直したこともあり、再び開発は難航。計画の遅れに社内の空気は冷え切っていた。延期した発売日は最終的に11月20日と、すでにJリーグ公式戦の日程が終わっているタイミングだ。

しかしそのとき彼らに神風が吹いた。実はこの頃、1998年ワールドカップフランス大会のアジア地区予選が開催されていたのである。そしてソフト発売4日前の11月16日に行われた第3代表決定戦において、日本がイランを延長の末に下し、悲願の初出場を決めたのだ。この日はJリーグファンのみならず、日本中が瞬間的にサッカーの熱気に包まれた。そんな状況で発売された本作は驚異的なヒットとなり、50万本以上を販売。その後も長く続く、新しいセガの人気シリーズが生まれた。

さらに待望のオリジナル大作RPG『グランディア』（ゲームアーツ）、人気RP

『Jリーグ プロサッカークラブをつくろう！2』

Gの続編『デビルサマナー　ソウルハッカーズ』（アトラス）、メガドライブ以来の新作『シャイニング・フォースⅢ　シナリオ1　王都の巨神』や『ソニックR』、人気の高いアドベンチャー『この世の果てで恋を唄う少女YU‐NO』（エルフ）に、拡張4M　RAMカートリッジを同梱した究極の2D格闘移植『X‐MEN　VS.　STREET　FIGHTER』（カプコン）などが発売されている。セガハードが長年苦手としてきたRPGタイトルがようやく出そろったのが、この1997年の年末商戦だった。

　そしてテレビCMでは、ついにあの「せがた三四郎」シリーズが開始される。セガサターンの広告を手掛けてきた博報堂による会心の企画であった本シリーズは、この年バラエティー番組『ダウンタウンのごっつええ感じ』への出演で注目を浴びていた俳優の藤岡弘、を起用。「セガサターン、シロ！」というコピーとともに大ブレイクし、主題歌のCD化、着せ替え人形や架空の自伝が発売されるなど、せがたは「ゲーム以上に目立ってどうする」と言われるほどの強烈な存在感を示した。

　しかしゲームの満足度の高さやCMの話題性とは裏腹に、ハードの普及は一向に進まなかった。

　プレイステーションは本体価格を1万8000円に下げつつ、2本のアナログス

『ソニックR』

ティックと振動機能という、新たな発明を加えたコントローラー「DUALSHOCK」を同梱した新本体を発売。ソフトラインナップも究極のレースゲーム『グランツーリスモ』『クラッシュ・バンディクー2』をはじめ、スクウェアの『チョコボの不思議なダンジョン』、ナムコのアーケード移植ではないオリジナルRPG『テイルズ オブ デスティニー』、新たにプレイステーションにも参入したハドソンの『桃太郎電鉄7』などをそろえ、ついに国内だけで1000万台を達成する。

対するセガサターンは国内では1年に100万台すら伸びず計500万台と、たった1年で倍の差が開いてしまっていた。

継続が困難となるセガサターン

それでもセガサターンは、1998年に入ってからも引き続き強力なタイトルを続々とリリースした。チュンソフトの完全新作サウンドノベル『街』、シリーズ3作目にしてRPGとなった『AZEL－パンツァードラグーンRPG－』、ソニックチームの新作3Dアクション『バーニングレンジャー』などである。

その上『センチメンタルグラフティ』（NECインターチャネル）、『P・iaキャロットへようこそ!!』（KID）に『EVE The Lost One』（シーズウェア）といった人気ジャンルとなった美少女アドベンチャー、そのほかスーパーファミコンのカルト

『AZEL－パンツァードラグーンRPG－』

『バーニングレンジャー』

ゲームのリメイク『仙窟活龍大戦カオスシード』（ネバーランドカンパニー）や、久々のガンシューティング『ザ ハウス オブ ザ デッド』などなど。

しかしセガサターンにダブルスコアの差を付けたプレイステーションの盛り上がりは、それをはるかに上回った。カプコンのプレイステーションオリジナルヒット作待望の続編『バイオハザード2』、スクウェアの新作RPG『ゼノギアス』に『パラサイト・イヴ』など、ゲームファンの話題はほぼこれらのタイトルで占められていた。

『バイオハザード2』においては、前作の初代『バイオハザード』の発売タイミングが『パンツァードラグーンツヴァイ』と同じ1996年春であり、それぞれのハードを代表するオリジナルタイトルが2度にわたって直接対決していることになる。

前作から大幅にスケールアップし、シリーズの人気を確固たるものにした『バイオハザード2』は、トライ&エラーを重ね、当時としては長い約2年もの開発期間についても語られることが多い。一方で『AZEL』は初代『パンツァードラグーン』の完成直後に開発がスタートしており、本来であれば『ツヴァイ』から大きく間を空けずに発売する予定だったが、シューティングからRPGへの路線変更に苦労し試行錯誤が続いて、『バイオ2』以上の期間である3年が費やされていた。

滅びゆく世界で暮らす人々と旧世紀の遺産との二重構造など、独自の世界観の構築などはもちろんのこと、3Dで表現された街の演出は、あの『ゼルダの伝説　時のオカリナ』より約1年も早く実現していた。そのほかオリジナリティーのある戦闘システムなど、作り手の志の高さによる開発の苦労も多かったが、それだけにセガでもこれだけの開発遅延は過去にない長さだった。

『バイオハザード2』も『AZEL』も、どちらも映画ばりのストーリーや演出を取り入れた大作として発売されたが、この2年の歳月でプレイステーションとセガサターンというハード自体の活気は様変わりしており、結果は明暗が分かれた。『バイオハザード2』は最終的に全世界で496万本を売り上げ、カプコンを代表するゲームにシリーズを押し上げた一方で、『AZEL』は前作の半分以下である10万本も売ることができず、『パンツァードラグーン』を3作生み出したチームアンドロメダは解散となった。

この『AZEL』と並行しつつ、さらに開発が遅延していたもう1つの大型RPGプロジェクトが「プロジェクト・バークレイ」こと、のちの『シェンムー』だ。こちらは結局セガサターンでの開発継続を断念することになる。

人気ジャンルであるRPGの少なさがセガサターンの弱点として語られることがあるが、このように開発はされていてもスケジュールの遅延が続き、結果として商機を逃してしまった作品が多い。このような話はセガに限らず、ゲームアーツの『グランディア』などでも聞かれている。また、タイムリーに発売はされたものの、ファンの期待とは大きく異なりアクション性の高いものになっていた『シャイニング・ウィズダム』や、一流のスタッフが集まったまではよかったが、ゲームの表現能力が創作力に追いついていなかった『エアーズアドベンチャー』（ゲームスタジオ）なども含めると、32ビット時代のRPGを作る上で風呂敷を広げる規模の難しさ、セガサターンの開発のしづらさなどもあったのかもしれない。

ちなみにニンテンドウ64は、国内では100万台を突破するも計画を下回っていたが、海外では900万台近くまで伸びていた。また国内もゲームボーイが『ポケットモンスター』の大ブームで息を吹き返したおかげで、新たに400万台以上が出荷されていた。この勢いを見た任天堂は、年末にはとうとうカラー表示を実現した「ゲームボーイカラー」を発売するに至る。

ただし、こと据え置き型の家庭用ゲーム機による次世代ゲーム機戦争は、完全に決着がついてしまった。任天堂のゲーム機がファミコン以来初めて、日本国内でも、全世界ベースでも他社に首位を明け渡したのだ。

前年末に続き、年始でも立て直しを図れなかったセガサターンは、専門誌で大きく扱われる話題作であっても受注が10万本を切るような状況に陥り、３年間で築いた500万台の実稼働率は大幅に下がっているようだった。

それでも春には少し持ち直し、待望の続編『サクラ大戦２』と『スーパーロボット大戦F完結編』（バンプレスト）、『ガングリフォンII』（ゲームアーツ）や『ヴァンパイアセイヴァー』（カプコン）、その後他機種で長くシリーズ化されたシミュレーションゲームの第1作『機動戦士ガンダム　ギレンの野望』（バンダイ）と大型タイトル発売が続いたが、これがセガサターンの最後の盛り上がりとなった。

特に『サクラ大戦２』は、50万本のヒットだった前作を超えるという高いミッションの下、すべての面でのクオリティーアップを行ったタイトルだ。

新たに加わったスタッフには、以前NEC－HEに所属しPC－FXを看取ったスタッフもいて、彼のおかげでセガはプロダクションI.Gに出会えている。ヒット作となった劇場版『機動警察パトレイバー』や『攻殻機動隊』を手掛け、最も人気の高かったアニメ制作会社との出会いが、『サクラ大戦』のムービークオリティーをアップさせていく。

ただし本作の販売本数は、結局前作とほぼ同数の実績となり、販売の限界、ハードウェアの限界を示してしまった。

また、セガのセガサターン継続を困難にさせたのは、ハードの製造コストの問題

『サクラ大戦２　〜君、死にたもうことなかれ〜』

もあった。セガサターンの販売価格は当初4万9800円で発表されている。これは1991年に発売したメガCDと同価格であり、1年先行していた3DOの販売価格5万4800円よりも5000円安い価格であるため、その当時としては妥当な価格に思われた。

ところがプレイステーションが3万9800円で発売するという発表[※21]があると、「期間限定で5000円引きの4万4800円」と告知を加え、店頭実売価格はほぼ同じになるように4万4800円で発売した。

発売後に両社が接戦となると、セガサターンは当初の告知期間が過ぎても価格を元に戻すことはできず、それどころか北米のプレイステーションの価格がさらに安い299ドルという発表のせいもあって、全世界規模でのハードの値下げ合戦が始まってしまった。

セガサターンの最終値下げ価格は1997年の廉価版セガサターンが発売されたときの2万円だったが、ハードの構造自体はほとんど変わっていなかったと言われている。元々売りたかった値段の5分の2の価格で、いったい1台あたりどのくらいの赤字になっていたのか。

かつてアメリカで前世代機のGENESISが勝負に出た1991年の年末商戦時、キラーソフトの『ソニック・ザ・ヘッジホッグ』が予想をはるかに超えるヒットとなり、100万台の追加製造を行った。このときは通常の船便ではとても間に

※21
プレイステーションは発売以来、長らく定価販売を小売店に義務付けていたが、この年の1月に公正取引委員会から独占禁止法違反で排除勧告を受け、2年半後の2001年に応諾する。それまでの期間は定価でのみ販売されていた。

合わないため、利益を度外視して1カ月間空輸し続け間に合わせたが、ハードを普及させるチャンスには必要なことだった。結果としてGENESISはその冬だけで300万台を売り切り、北米でスーパーファミコンと互角の勝負をすることができた。

しかし今回は規模も異なり、相手もタイミングも悪かった。売れ続けているのに本体を半年ごとに大きく値下げする展開の早さは、セガにはまったく想定外の出来事だっただろう。

セガはハードを完全外注工場生産で扱うファブレスメーカーなので、本来製造に関するリスクは少ないはずであった。それでもリスクの高い自社生産・自社開発のソニーに敗れたのは、まずプレイステーションのコストダウンのしやすい設計に対し、セガサターンには最初からそういう設計思想がなかったこと、そして新ハード普及時に必要な巨額の赤字にも耐えられる資本力の差であったようにも思える。

さらにセガサターンが最も好調だった1995年は、バブル崩壊後の円高が最高潮に達したときだった。数年前まで160円だった1ドルが80円を切った年である。海外販売を収益の柱としていたセガは、年末商戦で収益の悪化を恐れてハードを欠品させてしまった。もしセガが1991年のときと同じく、赤字を出してもセガサターンを限界まで出荷していたら、1996年以降の風景は違っていたかもしれない。

セガサターンからドリームキャストへ

セガは、もう一度勝負を挑むことを選ぶ。

新たな次世代ハード、ドリームキャストの登場は、年頭に当時のセガの親会社であるCSKの賀詞交歓会で、大川会長の口から次世代機について触れられたところから始まる。前年秋にあった日本経済新聞のスクープを裏付けるかたちで、会場ではマイクロソフトのビル・ゲイツからのビデオメッセージも公開された。これに続き、2月にはセガの社長に、元ホンダの入交昭一郎氏が就任した。新体制下で最初に発表されたニュースは、北米でのセガサターン撤退の発表であった。

5月21日、朝日新聞朝刊の全面広告に載ったのは、「セガは、倒れたままなのか?」という刺激的なコピーと、何人もの鎧武者の屍が転がった戦国時代の戦場をイメージした写真だった。そして同日、セガの新ハード「ドリームキャスト」のメディア・流通向け発表会が都内のホテルで行われた。ファンはテレビのニュースや、ゲーム情報に力を入れていた深夜番組『トゥナイト2』で会場の雰囲気を味わった。

タイトルは一切発表にならなかったものの、オリジナルの技術デモとして、入交社長の顔を3Dポリゴンで表現したソフトウェアを会場では実機で操作することが

ドリームキャスト発表会（1998年5月21日）

できた。『スーパーマリオ64』のタイトル画面との比較デモにも見えるこのプレゼンは、セガサターンはもちろん、プレイステーションやニンテンドウ64とは比較にならない「次世代」ハードの片鱗がうかがえるものであった。

翌22日の朝日新聞朝刊には、再び全面広告が掲載された。今度は「11月X日　逆襲へ。Dreamcast」というコピーになっており、前日と同じ戦場には、刀を空に掲げ立ち上がる武者たちの姿が写されていた。ところが同日に公開された1998年3月期決算では、セガはついに赤字転落となっていた。新たな次世代機は、もはやセガという会社そのものの生命を繋ぐための、背水の陣でもあった。

プレイステーションは牽制として、ドリームキャスト発表直前に『ファイナルファンタジーⅧ』の発売を発表。新作アニメを眺めながらストーリーを変化させていく「やるドラ」シリーズ『ダブルキャスト』や『XI [sai]』などがソニー自身から発売され、ゲームジャンルの幅やファン層をさらに広げていった。

その後も夏に『ブレイヴフェンサー 武蔵伝』（スクウェア）、『私立ジャスティス学園』（カプコン）、『スターオーシャン セカンドストーリー』（エニックス）、『SDガンダム GGENERATION』（バンダイ）など大手メーカーによるヒット作が続く。秋も『いただきストリート ゴージャスキング』（エニックス）、『ビートマニア』（コナミ）、『火星物語』（アスキー）などあらゆる方面に向けたタイトルが登場する中で、ついにあの『メタルギアソリッド』（コナミ）が発売され、発売から4年を過ぎたプレイステーションの表現能力の限界をさらに引き上げた。

セガサターンはドリームキャスト発表後、勢いのない半年を過ごした。『DEEP FEAR』や『バッケンローダー』『シャイニング・フォースⅢ シナリオ3 氷壁の邪神宮』などの新作は出ていたが、いずれもセガ発売でも外注開発タイトルである。セガの内製タイトル供給は完全に止まっており、セガとエニックスの共同開発タイトル『日本代表チームの監督になろう！』といった意欲作も発売されてはいたが、サードパーティーも前年から売れ行きの鈍化したセガサターン向けのタイトル供給を減らしていたため、市場は急速にしぼんでいった。

セガは前年末から続く「せがた三四郎」のCMでこれらを宣伝した一方で、7月からは並行してあの「湯川専務」のCMをスタートさせる。※22 実在のセガの専務を主人公にして、「セガなんてだっせーよな！」「プレステのほうがおもしろいよな！」という町の子供の声に愕然とする自虐コマーシャルは、ファンにとっても社員にとっても衝撃的なものだった。ストーリー仕立てのCMは、最終的に11月に発売されるドリームキャストへと期待を繋げる連作となっていて、「せがた三四郎」に続きヒットCMとなった。

※22
「せがた三四郎」シリーズのCMを制作したのは博報堂だが、「湯川専務」シリーズを制作したのは電通（名CMプランナー、岡康道氏によるもの）だった。ただし2020年に制作された藤岡真威人主演の「せが四郎」は、なんと電通による制作である。

ドリームキャストのプロモーションや企画・イベントはさらに続く。まず液晶画面付きメモリーカード「ビジュアルメモリ」を使ったミニゲーム機『あつめてゴジラ　怪獣大集合』が本体に先駆け7月に発売、8月には待望のソニック新作『ソニックアドベンチャー』の一般向け発表会が行われた。ソニックのデザインはドリームキャスト向けに大きく変更され、現在のモダンソニックの姿はここから始まった。[※23]

9月のアミューズメントマシンショーにはドリームキャスト互換基板「ＮＡＯＭＩ」が発表された。アーケードのハイエンドタイトルを、いかに工夫して、性能の劣る家庭用ゲーム機に移植するかがこれまでの課題だったのだが、ＮＡＯＭＩはアーケードのハイエンド機と同等の性能を持っていながら、ほぼそのままドリームキャストへ移植できることが売りであった。

同時に、長らくセガサターンの発売予定ラインナップに並んでいながら続報のなかった『バーチャファイター３』がドリームキャスト向けに変更される告知も行われた。ドリームキャストは翌10月開催の秋の東京ゲームショウにてゲームの試遊ができるようになり、ついに11月27日、無事発売された。

ドリームキャストのくわしい歩みについては次章に譲るが、年内50万台の出荷を達成し、『バーチャファイター３ｔｂ』を同時発売、『ソニックアドベンチャー』を翌12月に発売した。[※24]

※23
新たなソニックのデザインは、異なるデザイナーによる4種の案から全社員での投票で選ばれた。

ドリームキャスト発売
（1998年11月27日秋葉原の模様）

12月にはファンを招待して『シェンムー』の発表会を開催、のちに「オープンワールド」と呼ばれることになる、すべてを3Dで構築し、自由に動き回れる箱庭世界を世界で初めて実現した。

我が世の春を謳歌するプレイステーションはそんなライバルの動きを気にすることもなく、『エアガイツ』(スクウェア)、『チョコボの不思議なダンジョン2』(スクウェア)、『幻想水滸伝II』(コナミ)に『ストリートファイターZERO3』(カプコン)、『R-TYPE Δ』(アイレム)、『クラッシュ・バンディクー3』(SCE)など、定番や人気タイトルの続編を中心に、多数の作品をリリースしていた。

セガサターンは話題作のない年末のあと、1999年もソフトはリリースされていくが、その数はわずかに17本。200本以上のタイトルが発売された1998年の10分の1以下だ。

この1998年は日本国内のプレイステーションの発売タイトル数でいうと、歴代3位となる600本近いタイトル数が発売されており、600本を超える翌1999年、プレイステーション1と2を合計するとさらに数が大きくなる2000年のピークまで、完全に上り調子であった。

ソニー・コンピュータエンタテインメントが連結売上高で初めて任天堂

※24 『ソニック』はコンシューマ開発部署の総力を結集して間に合わせた結果、30万本のヒット作となった。

『シェンムー』発表会(1998年12月)

を抜いたのもこの頃だ。
かつてスーパーファミコンでもピーク時のタイトル数は370程度。セガサターンは前年の350が最高だった。次世代ハード戦争を制したプレイステーションソフトは、供給量が加速化。すでにお茶の間のテレビの前にはセガサターンの姿はなかった。

一方でセガサターンのアーキテクチャはさまざまな場所で生かされており、1つは1994年に登場した業務用通信カラオケ機「プロローグ21」（通称セガカラ）に採用。通信カラオケ黎明期に、京セラやブラザー工業などと10年以上覇権を争った。※25
また「プリント倶楽部」のリリース翌年である1996年に登場した普及機、「プリント倶楽部2」の中にも搭載されており（厳密にはアーケード互換基板ST-Vベースであるが）、セガサターンは、表からは見えないさまざまなところでもこうして活躍していた。
1998年のセガは、5月に行われた決算での赤字転落に伴う会社の経営体制の一新と、セガサターンからドリームキャストへのハード移行に合わせ、開発内でも大きな組織変更や雇用制度の改定が行われた。世間でも「不景気」という言葉が蔓延している時代だった。
その結果、セガサターンの立ち上げのためにアーケード開発部署から移ってきた

※25
ドリームキャスト発売後も、セガカラでは引き続きセガサターンをベースにしたハードウェア「NEWプロローグ21」をサービス終了まで販売し続けた。

ベテランスタッフを中心に、多くの開発メンバーが独立していった。[※26] ああ、本当に俺たちのセガサターンが終わったんだという喪失感が、ファンだけでなく開発スタッフの中にもあったのだ。セガとしては、おそらく1986年以来の大量離職だったと思われる。

しかし1986年のときも、残った若いスタッフが中心になって、その後に残るような名作タイトルを多数生み出した。燃え尽きたセガサターンの灰は、次世代のスタッフたちが花を咲かせるための土壌となって、ドリームキャストへ、その先へと受け継がれていったのだ。

※26
彼らの一部は辞めた仲間同士で集まって新会社を設立し、セガの外注会社となって、ドリームキャストタイトルを開発したりもした。

第７章　1998年～

ドリームキャスト

夢を伝えるために総力戦へ

発売から1年目に僅差で勝利を手にしたものの、2年目以降は「プレイステーション」に大きく差をつけられてしまった「セガサターン」。発売から3年後にはソフトの販売本数も激減し、ビジネスの継続自体が難しいところまで来てしまった。ソニーという巨大な資本力を持つ企業の前に、抵抗は無謀なのか?という空気すらある中、それでもセガはもう一度だけハード事業にチャレンジすることを、あえて選択した。それがセガ7番目の家庭用据え置きゲーム機にして、最後のハードとなった「ドリームキャスト」だ。

ドリームキャスト発売時の状況は、かつて北米へ「GENESIS」を送り出したときに少し似ていた。

「ファミリーコンピュータ」およびNESは、全世界で最終的に6000万台以上販売された8ビット時代の王者だった。そこへGENESISが、NES発売4年後のタイミングで北米に参戦。次のSNESと互角の戦いを繰り広げた。

今度のプレイステーションは、当時全世界5000万台が販売されていた「次世代ゲーム機戦争」の王者だった。そこへドリームキャストが、プレイステーション

ドリームキャスト

※1
ライブラリとは、ゲームなどを開発する際に必要になる、汎用的な機能が組まれたプログラムをあらかじめ用意したファイルのこと。ライブラリを使うことで、ソフト開発をすばやく進めることができる。メガドライブまでの時代はライブラリの提供はほとんどされていなかったが、プレイステーションは良質のライブラリがあったおかげで、

発売4年後のタイミングで参戦する。今のプレイステーションには勝てなくても、次の「プレイステーション2」とは互角以上の戦いができるのではないだろうか？　ドリームキャストが勝つためには、ゲーム機のシェアがリセットされる乗り換えタイミングを狙うしかなかった。

ドリームキャストは、その名前「夢（ドリーム）を伝える（ブロードキャスト）」が示すとおり、お客様の夢をかなえるゲーム機であり、セガ自身にとっても「夢」＝世界一のハードを目指して開発された。

夢を実現するために、まず敗因分析を行った。セガサターンの問題としてよく語られていたのは、複雑なハード構造に起因するものが多かった。ソフトが作りづらく、タイトル不足になったことや、コストダウンできなかったことだ。ドリームキャストはこの弱点をカバーした設計になっていた。

日米で開発コンペを行って選ばれた日本製ハードはシンプルかつバランスが取れており、将来的なコストダウンも見越した設計となっていた。また、過去のどのハードよりもソフト開発者の意見を取り入れており、良質なライブラリ[※1]も用意され、非常に開発しやすい環境を準備した。

セーブデータを管理するビジュアルメモリも、新しい遊びへの開発からの提案だった[※2]。ドリームキャストはライバルにならって、ゲームの保存データをメモリー

多くのメーカーが3Dのゲームを初めてでも容易に開発することができたと言われている。セガサターンでは、サードパーティーへの実用的なライブラリ提供がほとんどなかったため、プレイステーションと比べてソフトの開発に時間がかかってしまった。

※2
ビジュアルメモリは1998年5月にドリームキャストと同時に発表され、本体よりも早い7月に発売された。これはビジュアルメモリによく似たプレイステーション用のモニター付きメモリーカード「ポケットステーション」よりも発売は早い。しかし発表のリリースはポケットステーションのほうが早く（2月）、社内で悔しがる声が聞かれた。

カード方式にしたが、さらにひと工夫してカードに白黒二階調の小型液晶モニターを付け、単体でセーブデータの管理もできるようにしていた。中にゲームデータをダウンロードして、それ自体を携帯ミニゲーム機としても遊べるようにしたのだ。またコントローラーに挿すことで、手元で見られる個人用サブモニターとしても使え、創意工夫の詰まった周辺機器となった。

次にソフト面について。開発組織は一新したとはいえ、実力のある主力スタッフは続投している。メガドライブ時代から家庭用ゲームを支えてきたベテランや、セガサターンで育った若手メンバーだ。セガの看板たる『ソニック』の新作開発を進めるソニックチーム、「つくろう！」シリーズが定番タイトル化したスポーツチーム、中期以降のセガサターンを支えたサクラ大戦チームなどは、大きな変動のないまま、ドリームキャスト用ソフトの開発に着手した。『シェンムー』『エターナルアルカディア』などの大作ＲＰＧタイトルの開発はハードを変更して継続した。また、セガサターンの性能を上回る高性能ビデオチップ対応ソフトを作ってきたＰＣソフト開発部署も合流した。

さらにドリームキャストの性能は、これまでのアーケードの最新３Ｄボードであった「ＭＯＤＥＬ ３」※3の能力を超えるものになっていたので、ドリームキャスト互換基板の「ＮＡＯＭＩ」を用意し、新たなシステム基板とした。これ以降セガのアーケードゲームは、一部を除いてほぼすべてのタイトルがＮＡＯＭＩで開発さ

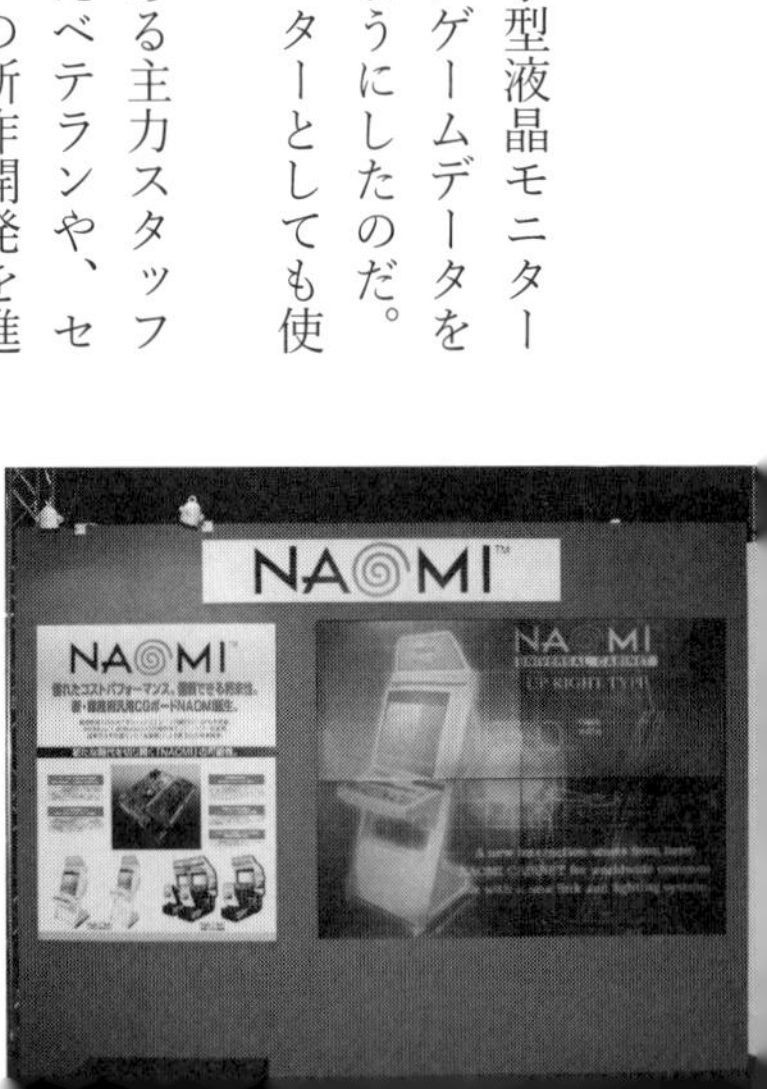

アミューズメントマシンショー（1998年9月）

※3
『バーチャファイター』を開発したMODEL 1、『バーチャファイター2』を開発したMODEL 2に続く3Dゲーム用ハードウェアで、1996年初登場。対応第1作は『バーチャファイター3』。その後も1997年のStep2.0までタイトルごとに性能が向上した。

れるようになったため、アーケードゲームの家庭用移植はいっそう容易となり、実質的に同時開発となった。つまりアーケードの開発スタッフも、ほとんどがドリームキャストに参加するようになったのだ。

ドリームキャストのソフト開発は、スタート時からセガの総力戦となった。

しかし前回がそうだったように、セガ1社だけでは勝負に勝つことはできない。セガサターンで一度は失ったサードパーティーの信頼を取り戻すため、これまで長らくセガを牽引してきた中山隼雄社長に代わって新たに社長へ就任した入交昭一郎氏は、各地の大手メーカーを訪問し、頭を下げて回った。

訪問先には、最終的にセガサターンでは1作品もソフトをリリースしなかった、プレイステーションの雄であるナムコも含まれていた。入交社長の願いを受け入れ、ナムコはドリームキャスト向けのソフト開発を約束。コナミも『エアフォースデルタ』などドリームキャスト向けオリジナルタイトルを開発した。セガサターンを最後まで支え続けたカプコンは、プレイステーションの看板タイトルとなっていた『バイオハザード』のドリームキャスト向け新作[※4]や、オリジナルRPGシリーズ[※5]を連続発売することを決断した。

弱点を克服しただけではライバルに勝つことはできない。プレイステーションに

※4
2000年2月に発売した『バイオハザード コード：ベロニカ』のこと。『ベロニカ』の直前に発売されたPS1向け『バイオハザード3』が、『2』の外伝的な内容だったのに対し、本作は『2』のストーリーの続きを描いており、カプコンのドリームキャストにかける本気度が伝わっていた。

※5
『エルドラドゲート』。2000年10月から1年に渡り、全18話のストーリーを7巻に分けて発売した。1本2800円と非常に廉価だった。キャラクターデザインは『ファイナルファンタジー』の天野喜孝。

はすぐれたハード、スーパーファミコン陣営から根こそぎ奪った充実のソフトラインナップ、そして日本一のマーケティング力があった。これは次世代機でも同様だろう。ドリームキャストはこの3つに追いつくための努力をした上で、さらに何か新たな、これまでにない驚きが必要だった。

そこで選ばれたのが「インターネット」機能だった。ドリームキャストは、オンラインゲームに必要な「モデム」を本体に標準装備する、という大胆な選択をした。

インターネット標準対応への挑戦

セガはこれまでにもインターネットおよびオンラインゲームにはチャレンジを続けていたが、いずれも成功していなかった。

最初はメガドライブのときだ。別売りのモデム「メガモデム」を使って、ゲームの対戦や情報提供サービス、専用のミニゲーム配信を行っていたが、電話線を使ったアナログのダイヤルアップ回線[※6]は転送できるデータが極端に少なかったので、ゲームの対戦といってもシミュレーションゲームなどリアルタイム性のないものに限られていた。そのこともあって利用者はほとんどいなかった。

セガサターンの時代は「Windows95」が登場した頃だったので、パソコンをインターネットへ繋げた個人ユーザーが徐々に増えていた（それまでのパソコンはネッ

※6
ダイヤルアップ接続とは、電話回線を用いたインターネット接続方法のこと。現在に比べると低速、利用量に応じてお金がかかる従量課金制、さらにインターネット接続中は電話回線を占有するため、電話も利用できないなど、不便が多かった。

トワークに繋がない使用者が大半だった）。来たるべきインターネット時代に合わせ、セガは１９９６年に企業としての公式サイトを開設。サイトにやってきた人が交流できる場として専用ＢＢＳ※7を用意した。この通称「セガＢＢＳ」は、セガファン同士がゲームやそれ以外の趣味の話題を会話できる場として話題となった。とはいえこれはＰＣ向けのサービスだ。

　１９９７年末、ついにセガサターン向けの独自のインターネットを使ったゲームが登場する。セガと富士通が共同開発した『ドラゴンズドリーム』だ。おそらく日本で初めてとなる、家庭用ゲーム機向けのネットワークＲＰＧである。セガサターン用のモデム、キーボード、インターネットブラウザ、（ニフティ）接続用ソフトなども同時に用意されていた。

　ソフトはセガから無償で配布されるものの、プレイにはネットワークの保守・運営を行う富士通への利用料が発生する。サービス料金は月々５００円の使用料に加え、１分10円（！）のネット利用料（ニフティーサーブ契約は別料金）、さらにアクセスポイントへの電話料金がその都度かかるのだ。

「テレホーダイ」という名の、夜11時から翌朝8時までは通信料金が定額で使えるサービス※8は１９９５年から開始されていたので、深夜のプレイなら通信代金はそれほど気にしなくてよかった。それでもこの利用料金はハードルが高く、翌年にはＰＣ版のサービスもスタートして相互乗り入れも可能だったものの、実際に遊んだ

※7　ネット上の掲示板。Bulletin Board Systemの略。

『ドラゴンズドリーム』

※8　2023年9月30日に新規受付を停止し、年内をもってサービス終了となることになっている。

ユーザーはごくわずかだった。富士通が同時にサービスしていたアバター付きチャットソフト『ハビタットⅡ』もセガサターン移植版が提供されていたが、セガサターンの末期だったこともあり、どちらのソフトもほぼネットワーク実験のような状態だった。

セガサターンはこのほかにもカタパルト・エンターテインメント社の用意した専用モデムによるサービス「X－BAND」で、1対1でのオンライン対戦を可能にしたが、これは専用システムのため電話料金とプレイ料金がともにネックだった。[※9]

と、これまではあまりいい印象のないオンライン対応だったが、ドリームキャストはここで大きく飛躍し、オンラインゲームを特別なものではなく、ハードの中心に据えたいと考えていた。そこで選ばれたのが、モデムを標準装備することである。一番難易度の高い「モデムを購入するハードル」をなくしたのだった。

それだけではない。インターネットに接続するためには、プロバイダと契約し、そこへの支払いも追加で必要だが、セガはドリームキャストのために用意したプロバイダ「ＩＳＡＯ」を使えば、ネット利用料金を当面の間は無料とした。インターネットブラウザは（後年はチャットソフトも）ゲームと同様にディスクで標準配布された。

※9
X－BANDは元々北米で始まったサービスで、セガサターンより前にも、任天堂のスーパーファミコンや、GENESIS向けに運営されていた。

ユーザーのネットへの金銭的なハードルを、すべてセガが肩代わりする。この投資は、普通に考えればめちゃくちゃお金がかかることだし、簡単には回収の見込みのないものだ。それでも、とにかく1人でも多くの、世界中の人にインターネットに触れてもらい、新しい時代へと進んでもらおうというのがドリームキャストの、ライバルハードにはない突破口だった。のちに「IT革命」と言われるようになるインターネット時代への、顧客獲得のための先行投資であるとセガは考えていた。

発売開始とプレイステーション2の影

ゲーム制作のしやすい開発環境と、総力戦となったゲーム開発、サードパーティーの支援、湯川専務の大ヒットプロモーションによるマーケティング戦略、きわめつきはインターネット標準対応。

すべてのピースがそろったと思われたドリームキャストの船出であったが、思わぬ落とし穴が待っていた。NEC製のビデオチップである「PowerVR2」の歩留まり[※10]の問題により、十分な数の商品が用意できないという問題が起きたのだ。これはハードウェアの設計の遅れが原因とも言われた。

あと1年セガサターンの市場が持ちこたえていれば。あるいは次世代プレイステーションの発売があと1年遅ければ、ドリームキャストは1998年ではなく、

※10 製造時の良品の割合のこと。PowerVR2の製造は不良率が高く、計画された数を用意できなかった。

1999年に発売されていたことだろう。しかし現実はそうではなかった。ドリームキャストは年内50万台を販売したとされ、最低限格好の付いたスタートには見えたが、本来はここで一気に100万台を売るのが、壮大な計画の第一歩のはずだったのだ。景気のよい「完売」の盛り上がりの裏では、計画の大きな再調整が必要だった。

ちなみにその頃の僕はというと、長らく在籍していたゲームの開発部門を離れ、プロデュース部というところに異動していた。かつてソニーでプレイステーションの海外立ち上げを成功させたあと、ライバルであるセガに移ってきた内海州史氏が、新たにドリームキャストのソフトウェアの指揮を執っており、同時にプロデュース部の部長でもあった。この部では『ゴジラ・ジェネレーションズ』などの外注開発タイトルや、ドリームキャストを使うと簡単な映像が流せる新しい音楽CD「MIL-CD」などが作られており、外部の会社との取引を行うプロデューサーが集まっていた。僕は当時プロデューサーではなかったのだがこの部署に配属され、ドリームキャストで提供する新しいオンラインの遊びを日々あれこれと考えて過ごしていた。

僕はインターネットを学ぶため、専用ブラウザソフト「ドリームパスポート」を使い、専門誌『ドリームキャストマガジン』の紹介記事に書かれたとおりに、無料

Ｗｅｂサイト提供スペース「ジオシティーズ」※11に個人ホームページを作ってみた。単語登録（ショートカット）どころかコピー＆ペーストもままならないドリームキャストのブラウザでは、サイト更新を続けるのもかなり大変な作業だったが、たしかにホームページは作れた。僕は、当時何も思いつかない人がホームページを開設したときに作るコンテンツである「趣味の話」と「日記」のテキストを日々更新していた。

そんなものでもしばらくすると、ＢＢＳを通じて、「実際には顔を合わせたことのない友達」という、これまで想像もしなかった交友関係が生まれた。いわゆるネット上の友人である。彼らとは主に、お互いのホームページのＢＢＳでやりとりしていた。ここで出会った数人とは、20年経った今も付き合いが続いている。

なるほどインターネットを使うと、こんなふうにコミュニティーが生まれ、友達ができるのかと大いに驚いた。今では至極当たり前のことを初めて体験したのがドリームキャストだったのだ。しかし、この楽しさをどのようにドリームキャストのユーザーに知ってもらうことができるだろうか？

そんな悠長なことを考えていられたのは、本当にわずかな期間だった。セガサターンのときとは違って、ゲーム業界をすでに掌握していたソニーは、セガに年末商戦以降の反撃の機会を与えてはくれなかったのだ。年が明け、ドリームキャスト

※11
元々はアメリカのジオシティーズ社によって始まったものだったが、ソフトバンクと合弁会社を設立して1997年に日本でもサービスが開始され、日本での個人サイト黎明期を支えた。2000年からは「Ｙａｈｏｏ！ジオシティーズ」と名称が変更。2019年3月末に閉鎖された。

の発売からわずか3カ月後の1999年3月初旬、「次世代プレイステーション」こと、プレイステーション2が早くも姿を現した。

プレイステーション2のカンファレンスでの発表は例によって映像だけだったものの、招待客を大いに驚かせた。これまでプリレンダのムービーシーンでしか実現できなかった、3Dの人物がリアルタイム計算で動く姿が映し出され、次世代『グランツーリスモ』のリアルな車の走行映像が流れ、モーションブラーやフラクタルといった技術を使った物理演算デモの映像が次々と紹介されていった。

また、それらのCG映像はソニーだけではなく、スクウェアやナムコといった、プレイステーションを支えるゲームメーカーの協力の下で披露された。

前年のドリームキャスト発表会以上にインパクトのある映像を目の当たりにしたマスコミ各社は、「ハード性能はなんとドリームキャストの10倍以上!」などと大いに煽った。もちろん実際はそうではなかったし、冷静に比較すればドリームキャストのほうが機能的に上回っていた点も多かったのだが、そういった噂が信憑性を持って広まるほどのアピール力のあるカンファレンスだったのだ。

会場を驚かせたのは映像だけではなかった。さらに加えられた2つのハード機能だ。1つはまだデビュー間もない次世代記録媒体である「DVD」メディアを採用し市販の映像ソフトが再生可能であるということ。次にドリームキャストがなしえなかった初代プレイステーションとの「下位互換性」だ。次世代プレイステーションは、成功した旧ハードから地続きだった。

肝心の発売時期は「今冬」ということで、多くのメディアは1年後の「2000年3月」と予想した（実際にそうなった）。

新ハード発表というのは、いつも実態以上の可能性をアピールする場であり、これまでもライバル間で牽制し合ってきたものだ。しかしこのカンファレンスのインパクトは、かつて1994年の春に無名ゲーム機を最注目ハードに押し上げた、あのT‐REXデモの再来だった。さらに今回は挑戦者ではなく「シェアNo．1ハード」の新型という冠まで付いている。

その上初代プレイステーションの人気も、まったく衰えるところがなかった。2月に発売された『ファイナルファンタジーⅧ』で見せたムービーのクオリティーは映画のようだと評判だった。主題歌も含めた大量のCM展開もあって、年末年始の話題はほぼこのゲーム1本だけが席巻した。

その後も4月に『サガ・フロンティア』（スクウェア）、『スパイロ・ザ・ドラゴン』（SCE）、5月に『エースコンバット3』（ナムコ）、7月に『聖剣伝説 レジェンドオブ マナ』（スクウェア）、9月に『ワイルドアームズ 2ndイグニッション』（SCE）、10月に『ジョジョの奇妙な冒険』（カプコン）、『アークザラッドⅢ』（SCE）とヒット作や話題作が続き、とても次世代機にバトンタッチする気などないように見える充実ぶりだった。

また国内ではセガサターン以上に普及台数が伸び悩んでいたニンテンドウ64も、『ポケモン』効果によって底力を見せていた。

『ポケモン』はTVアニメ化に続き、1998年には劇場用映画も公開。任天堂はポケモン人気をニンテンドウ64にも取り込むべく、1998年末に音声会話ゲーム『ピカチュウげんきでちゅう』をリリースしてヒットさせた。翌年にはTVアニメや映画が北米でも公開されるようになり、ブームは全世界へと広がっていく。

同時に、待望の新作にして3DアクションRPGの決定版となった『ゼルダの伝説　時のオカリナ』が11月に発売され、そして1999年に入って早々の1月にはあの人気シリーズの第1作となるドリームマッチ『ニンテンドウオールスター！大乱闘スマッシュブラザーズ』と話題作がまとめて登場。この年末年始はニンテンドウ64発売以来、一番の盛り上がりを見せていた。

5月には、今度は任天堂の次世代ゲーム機「ドルフィン」（のちの「ゲームキューブ」）が発表されている。とはいえ、こちらはこれまでの任天堂のハードウェア発表と同様、初報では特に具体性が低く、2000年末の発売という予定も信憑性に欠けるものであった（実際、発売となったのは2001年9月だった）。

DVDドライブを搭載し、松下電器が開発するという発表もされた。前世代機時代は３ＤＯという任天堂のライバルハードを発売した松下電器だったが、３ＤＯの失敗のあとに次世代ハード「Ｍ２」を開発してはいたものの、勝ち目なしと踏んでか発売を断念し、任天堂のサポートに回ることになった。

意欲的な新作が続くが……

次々と次世代機エントリーが続いている中で、セガの先行逃げ切り作戦は決してうまくいっていなかった。何しろ3月に次世代プレイステーションが発表されたときのドリームキャストの発売タイトルは、まだわずかに13本だけだった。

たしかに『ソニックアドベンチャー』はローンチに間に合ったし評価も高かった。さらにはネット対戦も可能な『セガラリー２』、カプコンの新作『パワーストーン』などと話題作もあったが、『ファイナルファンタジーⅧ』や『時のオカリナ』などのＲＰＧ大作が話題を席巻している状況下で、実際に発売されたＲＰＧは『新機世界エヴォリューション』のみだったのは心もとない。いくらサードパーティーとの交渉が順調でも、どんなに開発がしやすいハードだったとしても、この短期間でのゲーム開発は間に合わなかったのだ。その上ハードの供給が追い付かない状況は年明けも続き、お客さんの買いたいタイミングを逃してしまった。

結局ドリームキャストは、「年内１００万台」から修正した「期末までに

『ソニックアドベンチャー』

『セガラリー２』

100万台」という目標すらも達成できないまま期を終えた。ようやく5月に100万台が出荷され、半年かけて供給を安定させたときには話題はPS2へと移り、ドリームキャストの需要はあっという間に落ち着いてしまった。

ドリームキャストの苦戦に加え、セガにはさらなる試練があった。かつての収益のかなめとなっていた、ゲームセンターによるアーケードゲームの不振である。これはヒット作が出ないというよりも、日本全体が不景気となり、業界そのものがみるみる縮小していたのだ。

セガサターンの登場時は日本の景気はずっとよく、ゲームセンターは『バーチャファイター』を中心として大ヒットが続いていた。さらにセガは、多少の無理があっても欧米でのメガドライブ／GENESISの好調に支えられていたのだが、これも円高とGENESISの終焉、セガサターンの不振でむしろ荷物になっていた。この5年で世界をとりまく状況は大きく変わっていたのだ。

新聞には「戦後最大のマイナス成長」「過去最悪の失業率」などの言葉が並んでいた頃である。2期連続の赤字となったセガはこの5月、ついに1000人もの大規模なリストラを行った。その人数は全社員の4分の1にもおよぶものだった。

さらにこの春には、ドリームキャストの苦戦とは関係のないところからセガを悩ませるニュースが舞い込んだ。セガが他社携帯ハード向けにソフトの供給をするという新聞報道だ。これに続くかたちで、ゲーム業界で最もメジャーな雑誌である『週刊ファミ通』の巻頭に、マリーガルの香山哲氏のインタビューが掲載された。

そこで語られた「任天堂のゲームボーイカラーに『サクラ大戦』をリリースする」という話は、世間もセガをも驚かせた。マリーガルとはリクルートと任天堂の合弁会社で、香山氏はリクルートからやってきた社長だった。なぜセガの人間ではないこの縁もゆかりもないと思われる人物がセガのオリジナルゲームである『サクラ大戦』について語るのか？

この人騒がせな〝飛ばし記事〟は、社員すらもありえない話だと思っていたが、その1年半後に香山氏はセガの特別顧問に就任、2001年にはCOOになりこれを実現させる。そんな香山氏の騒々しいゲーム業界デビューがこのニュースだった。

さまざまな不穏な話題が続く中、これを払拭すべく、セガは最後の大博打に出る。6月に、2万9800円の本体を1万9900円へと、いきなり3分の1の値下げを行ったのだ。いくらハードが値下げを見越したつくりになっていても、たった半年あまりの値下げはもちろん想定外だ。ハードは大幅な赤字販売になった。さらには現在発売されているうち『ソニックアドベンチャー』などの5タイトルを1990円に値下げした。

ソフトもSNKの『ザ・キング・オブ・ファイターズ DREAM MATCH 1999』、元気の『首都高バトル』など、サードパーティーの強力なタイトルが同時発売となった。翌月にはフロム・ソフトウェアの対戦ロボットアクション『フレームグライド』や、コナミのオリジナルフライトシューティング『エアフォースデルタ』などが続く。これにより年内200万台、期内300万台を目標とした。

プレイステーション2がどれほどのものであっても、ゲームソフトの開発はドリームキャストが先行している。その上で300万台の市場が形成できれば、互角以上に戦うことができるはずだ。戦いは終わってはいない。

ドリームキャストのソフトラインナップは夏以降少しずつ充実したものになっていった。セガからは、まずセガサターンのヒット作のスポーツタイトルが次々とリリースされた。6月に『全日本プロレス』の続編『ジャイアントグラム』、そして8月に『プロ野球チームをつくろう!』、9月には『Jリーグ　プロサッカークラブをつくろう!』といった人気スポーツ・シミュレーションゲームが、セガサターン版スタッフの手で引き続き開発、リリースされた。

またアーケードタイトルの移植は専用コントローラーもそれぞれに用意、周辺機器とセットで続々と発売した。1月はハンドルコントローラーとともに『セガラリー2』が、3月はガンコントローラーとともに『ザ ハウス オブ ザ デッド2』が、4月は「つりコントローラ」とともに『ゲットバス』が、12月はアーケード同等の

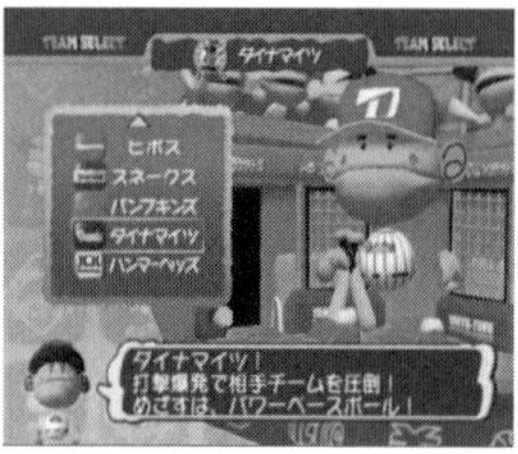

『プロ野球チームをつくろう!』

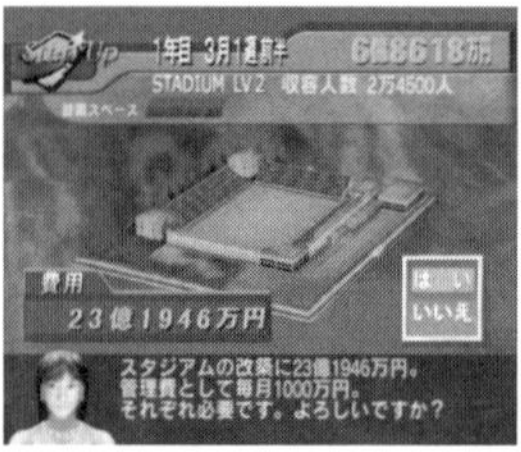

『Jリーグ　プロサッカークラブをつくろう!』

ツインスティックとともに『電脳戦機バーチャロン　オラトリオタングラム』が登場した。ファンはテレビの前が周辺機器でいっぱいになった。

サードパーティーも、大手による意欲的なタイトルが並んだ。3月にタイトーの『サイキックフォース2012』やハドソンの『北へ。』などもあったが、8月にはナムコが約束どおり、武器対戦格闘の人気作『ソウルキャリバー』を最高のクオリティーで発売した。さらに8月はバンダイから『機動戦士ガンダム外伝　コロニーの落ちた地で…』までもが発売された。

そんな中でも7月に発売されたビバリウムの『シーマン　～禁断のペット～』は異色中の異色ゲームだったが、ドリームキャストで最も話題になったソフトかもしれない。

気味の悪い人面魚を育てながら同梱のマイクを使って音声でコミュニケーションを行うという、唯一無二のゲームデザインを持つ本作は、興味深いプロモーションも功を奏し、ゲーム業界を越えて話題となり、その後オリジナルデザインのドリームキャスト本体やクリスマス用特別版、会話の語彙を増やしたアップデート版が出るなど大きく盛り上がり、一時期はドリームキャストのマスコットのような扱いとなった。のちに移植されたりもしたが、ドリームキャスト版だけでシリーズ累計55万本売れたというのだから、その人気は本物だ。

『ザ ハウス オブ ザ デッド2』

目玉の機能でありながら、なかなか対応ソフトが出なかったオンラインゲームも、徐々にではあるが登場し始めた。特に9月に発売されたセガの『あつまれ！ぐるぐる温泉』は、トランプの大富豪や麻雀など普通のテーブルゲーム集に過ぎないが、その実体は、見知らぬ人とのコミュニケーションソフトであり、オンラインゲームのスタンダードとしてその後もシリーズ化された。

待望の海外発売もスタートした。北米の発売日はドリームキャストの本体に描かれた渦巻きマークを意識して、１９９９年9月9日に。価格は日本の新価格に合わせた１９９ドルという破格の安値だった。発売前に20万台の予約が入ったという。セガは北米でもセガソフト・ネットワークス社を親会社のＣＳＫと共同設立し、全米でのネット会員１００万人を目指すとした。続く欧州でも翌10月に発売された。

北米でのドリームキャスト発売直後には、プレイステーション２の名称、発売日、価格が発表になった。来年３月発売なのは予想どおりだったが、価格は３万９８００円と、ドリームキャストの現行価格の倍だった。これならまだ戦いようがあるのではないか？

そればかりか発表直後に行われた東京ゲームショウでは、プレイステーション２用ソフトの姿はなかったのだ。反対にドリームキャストには期待のタイトルが多数

『あつまれ！ぐるぐる温泉』

『スペースチャンネル５』

集まっていた。

まず、いよいよ12月に発売となるダンス&アクション『スペースチャンネル5』のプロモーションが大々的に行われた。加えて、これまで見たことのないマンガディメンション[※12]のビジュアル表現が目を引く『ジェットセットラジオ』のタイトル発表もこのタイミングで行われ、セガブースは大いに盛り上がる。特に映像が目を引くこの2作は、どちらも過去のハードでは実現できない、ドリームキャストならではのゲームだった。

『スペースチャンネル5』をプロデュースしたのは水口哲也氏で、レトロフューチャーなビジュアルを前面に押し出したプロモーションで渋谷ジャックを行った。主人公の「うらら」は、こののちJ－PHONE（現在のソフトバンクモバイル）のイメージキャラクターのような扱いで活躍するなど、ゲームの外でも長く活躍を続けている。

また『ジェットセットラジオ』は、『パンツァードラグーン』を開発した「チームアンドロメダ」に在籍していた若手メンバーが中心になって生まれたゲームで、スタッフのほとんどが20代だった。このスタッフはのちに『龍が如く』立ち上げのコアメンバーになる。

新しいゲームを求める人にとって、ドリームキャストのゲームの斬新さ、明るさは魅力的に映ったに違いない。

渋谷をジャックしたプロモーション

※12
マンガディメンションという言葉はこのゲームオリジナルの表現で、現代はトゥーンシェードと呼ばれる。今では非常にポピュラーなグラフィック表示だが、これを本格的にゲームでリアルタイム実装したのはこのゲームが世界初だった。

届かない目標200万台

しかし、日本のドリームキャストの販売台数が伸びることはなかった。『ソウルキャリバー』がメディアで最高評価を受けても、『シーマン』がマスコミで連日話題になっても、9月末時点での販売台数は140万台と、値下げ後を含む4カ月の販売台数は40万台に過ぎなかった。

それでもセガはさらに攻勢を強めた。10月にはついにファン待望の新作『サクラ大戦3』を発表。セガサターン版から大きく進化したビジュアル、藤島康介氏の描く魅力的な新キャラクターは、セガサターンから移ってきたファンに歓迎された。そして1年間プロモーション展開してきた目玉タイトル『シェンムー』が12月末、ついに発売となった。

『シェンムー』は、セガで最も人気のあった『バーチャファイター』のキャラクターを使ったRPGとして開発されていたもので、当初は主人公のアキラが、彼の武術の故郷である中国を舞台に活躍するゲームだったのだが、いつしかオリジナルキャラクターによる壮大なストーリーが展開する内容となっていた。

ストーリーのスケールアップとともにスタッフも膨大に。ディレクター・鈴木裕

『ジェットセットラジオ』

氏の所属するAM2研のスタッフだけでは足りず、ほかの部署からもメンバーをかき集め、さらに外部からの派遣などもどんどん投入されていって、プロジェクトは日に日に大きくなっていった。参加した開発者の数は、何百とも何千とも言われる。

『シェンムー』は「オープンワールド」ゲームの代表となる『グランド・セフト・オートⅢ』（ロックスターゲームス、2001年）に先駆けて、密度の高い3Dワールドとしての街を構築し、（サンドボックスゲームのように）ストーリー進行と関わりなく、プレイヤーが自由に街の中を遊ぶことができる。この自由なゲームシステムを実現するため、かつてない規模の人員と時間が費やされた。この自由度を表現する言葉は当時存在せず、ジャンルは「FREE＝Full Reactive Eyes Entertainment」と呼称した。

『シェンムー』はセガサターン時代から開発を続けていたが、ドリームキャストの発売時には間に合わず、発表会のあとも3度の延期を経て発売された。しかもそのタイトルは『シェンムー　一章　横須賀』であり、もともと想定されていた、メインになるはずの中国での冒険は一切描かれていないものだったため、チームは引き続き続編の開発を続けた。

この『シェンムー』の登場した1999年の年末商戦は、セガの『スペースチャンネル5』『バーチャロン』のほかにも、コントローラー同梱の4人対戦が楽しい

『シェンムー』

『チューチューロケット！』、アーケードの移植作『ゾンビリベンジ』や『バーチャストライカー2 Ver.2000.1』が登場。
サードパーティータイトルは、アトラスから『魔剣X』。アスキーから『ベルセルク 千年帝国の鷹篇 喪失花の章』や『パンツァーフロント』。カプコンから人気アーケードの移植『ジョジョの奇妙な冒険』や『ストリートファイターⅢダブルインパクト』。エコールから『デスクリムゾン2 -メラニートの祭壇-』。そしてWARP最後の話題作『Dの食卓2』。

プレイステーション2が発売される前の、ドリームキャストが唯一独擅場となる最後のチャンスであり、そのラインナップはかなり充実したものだった。しかし、ライバルもこの年末は強力だった。

初代プレイステーションは、『クロノ・クロス』（スクウェア）、『ときめきメモリアル2』（コナミ）と、前世代機でヒットしたタイトルの続編を次々と投入。さらにオリジナルタイトルとして『レジェンド オブ ドラグーン』（SCE）、『ヴァルキリープロファイル』（エニックス）。最後に待望の続編『グランツーリスモ2』（SCE）、『パラサイト・イヴ2』（スクウェア）が発売され、そのどれもが大ヒットした。

タイトルが不足気味といわれたニンテンドウ64も『カスタムロボ』『ドンキーコング64』『マリオパーティ2』などの話題作が続けて発売されている。※13

『チューチューロケット！』

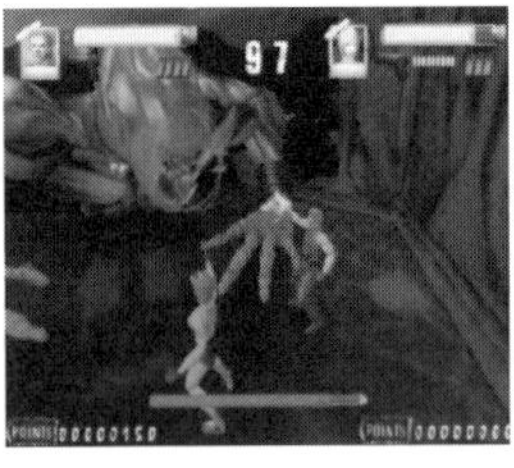

『ゾンビリベンジ』

加えてゲームボーイでは、『ポケモン』初の正統続編として待ちに待った『ポケットモンスター金・銀』が登場した。

結果、年末を終えてのドリームキャストの出荷累計は、日本が１７９万台、北米が１８５万台、欧州が76万台の全世界４４０万台だった。北米は、ドリームキャストのために買収した開発会社「ビジュアルコンセプト」による次世代フットボールゲーム『ＮＦＬ２Ｋ』がいきなり70万本のヒットになるなどの話題もあって幸先の良いスタートを切ったが、国内ではとうとう、販売目標の２００万台には到達できないまま１９９９年を終えた。

プレイステーション2とDVD

年が明け、いよいよ3月にプレイステーション２が発売される２０００年になると、セガにとってさらに厳しいニュースが続く。

年始の一番の話題はWindowsのマイクロソフトが、ＴＶゲーム業界に直接的に参戦した新ハード「Ｘｂｏｘ」だった。ソニー、任天堂、セガ以外のハードが突如出現したのだ。

これまでドリームキャストは、本体に「Windows CE」のロゴをわざわざプリン

『バーチャストライカー2 Ver.2000.1』

※13
ほぼ幻に近い専用周辺機器「64DD」もこの年末発売であったが、紆余曲折を経て、ひっそりと発売されてひっそりと消えていった。

トするなど、マイクロソフトとの深い仲をアピールしてきただけに、誰もがドリームキャストとの関係性が気になるところであったが、このときの記事の見出しはそれ以上だった。

最初に報道されたのは2月、「セガとマイクロソフトがＸｂｏｘを共同開発」。続く3月頭には「セガとマイクロソフト交渉決裂」と、セガをダシにした刺激的な見出しの記事が続けざまに出された。

もちろん3月の正式発表時にはセガの名もドリームキャストの名も出てこないのだが、世間的には「セガがドリームキャストをあきらめた」と取られかねないニュースが立て続けに報じられた。

ドリームキャストは1月に『クレイジータクシー』『ルーマニア#２０３』、2月はカプコンの『バイオハザード　コード：ベロニカ』に『セガＧＴ』、3月にはやはりカプコンの『マーヴルVSカプコン2』、ＳＮＫの『ザ・キング・オブ・ファイターズ'99 ＥＶＯＬＵＴＩＯＮ』に、怪作『ザ・タイピング・オブ・ザ・デッド』がリリースされるなど、年始から話題作が続いたのだが、連日の報道による劣勢のイメージが先行してしまっていた。

そして3月、とうとうプレイステーション2が発売された。同時発売ソフトはナムコの『リッジレーサーV』、カプコンの『ストリートファイターＥＸ３』などが

『クレイジータクシー』

『ルーマニア#２０３』

あったが、当時プレイステーション２を真っ先に買った人でも、これらの同時発売ソフトの印象はそれほど強くなかったのではないか。何しろこのときハードと一緒に一番売れたのはダントツで映画『マトリックス』のＤＶＤソフトだったと言われているからだ。

購入者が選択したのは最新ゲームをプレイすることではなく、前年9月に日本で劇場公開され大ヒットしたＳＦ映画を、これまで使われてきたＶＨＳビデオやレーザーディスク以上の高画質再生が可能となる、ＤＶＤという新しい記録媒体で観ることだった。

プレイステーション２の３万９８００円という本体価格は、ゲーム機としては当時としても高価であったが、このとき標準的なＤＶＤプレイヤー再生機はその倍の値段で売られていたのだ。手軽に次世代映像媒体であるＤＶＤ再生機が手に入れられ、公開されたばかりの映画が早くも自宅で観られてしまうという、ゲームとはまったく別のセールスポイントでプレイステーション２は大ヒットしたのだ。

プレイステーション２ではインターネットはできないが、ＤＶＤが見られる。お客さんが最初に手にしたかった未来はこちらだった。

プレイステーション２は発売日からたった3日で98万台を突破したというリリースが出て、そのまま5月には２００万、8月には３００万と、ドリームキャストの積み上げてきた販売台数を半年とかけず一瞬で抜き去った。間を空けず10月には北米、11月には欧州でも発売される。そこには何の不安もない、王道だけが続いていた。

さらに初代プレイステーションも、7月は小型化した新ハード「ＰＳ Ｏｎｅ」が、8月には『ドラゴンクエストⅦ』がとうとう発売され、大いに盛り上がる。セガサターンの息の根を止めたあの１９９７年の発表から、なんと3年半の月日が流れていた。

同8月には1年ぶりに任天堂が次世代機の続報を発表した。２つの新型ゲームハード「ゲームキューブ」と携帯機「ゲームボーイアドバンス」である。大方の予想どおりゲームキューブの発売は年末ではなく、２００１年の7月ということだった（実際にはさらに10月に延期した）。スタートダッシュで成功し、大差で引き離すＰＳ２を追うかたちになるのは間違いなく、発売前から苦戦が予想されていた。

ニンテンドウ64は、この年も3月に『星のカービィ64』、7月に『マリオテニス64』、8月に『マリオストーリー』、10月に『パーフェクトダーク』と引き続き任天堂1社が孤軍奮闘で出し続けていったが、国内での存在感は薄れるばかりだった。

とはいえ任天堂は１９９８年秋に発売した携帯ゲーム機「ゲームボーイカラー」が好調で、アドバンスという新型が発表されても勢いは止まることはなかった。カラー専用ソフトは２０００年だけで１００タイトル以上がリリースされている。

１９９８年末から１９９９年春に相次いで発売された携帯ゲーム機、ＳＮＫの「ネオジオポケット」もバンダイの「ワンダースワン」も発売当初はモノクロ液晶だったこともあり、[※14] 先行していたゲームボーイカラーには太刀打ちできないまま消えていった。10年ぶりに行われた携帯ゲーム機の第２ラウンドは、カラー表示が勝利した。

任天堂全体で見ても、ニンテンドウ64は全世界規模では善戦しており、海外だけで１９９９年度は６７５万台出荷、累計は２０００万台に届く勢いであり、ゲームボーイシリーズの好調（当時の世界累計は８０００万台近い）も含め、順調に増収増益を重ねていた。

セガはほぼ一人負けだった。３年連続、４２８・８億の最終赤字を計上したセガは、この5月、社長就任後ドリームキャストの顔として活躍してきた入交社長がわずか2年弱で退任となった。後任は大川会長が社長を兼任した。

切り札だった本体の値下げ施策もうまくいかず、インターネットへの投資もまだ芽が出ていないセガには、ツケがそのまま返ってきてしまっていた。[※15]

ドリームキャストは前期までに累計５５５万台と、北米欧州が堅調だったので少しずつ伸びていたが、欧米でもプレイステーション２発売後は苦戦必至だろうと思

※14
ネオジオポケットもワンダースワンも、その後カラー機を発売したが、従来機の普及前にカラー機を告知したせいで買い控えが起きるなどして成功できなかった。

※15
赤字はなんと大川会長が私財５００億円を投じて切り抜けた。

われた。

待望のオンラインRPG登場

社長が変わったセガは、7月に9つ+αあったすべての開発部署を分社・独立化させた。『ザ ハウス オブ ザ デッド』のワウ エンターテイメント、『クレイジータクシー』『バーチャロン』のヒットメーカー、『スパイクアウト』のアミューズメントビジョン、のちに『頭文字D』を生むレースゲーム開発のセガ・ロッソ、家庭用のスポーツチームとセガPCが融合したスマイルビット、『サクラ大戦』のオーバーワークス、『ソニックアドベンチャー』のソニックチーム、『スペースチャンネル5』のユナイテッド・ゲーム・アーティスツ(UGA)、サウンド研究開発部署であったウェーブマスター。これに加えて『エアロダンシング』を開発していたグループ会社のCRIが、『バーチャファイター』『シェンムー』を手掛けるAM2を吸収したAM2-CRI(2001年に社名をSEGA-AM2と改める)を含めた10社が誕生。そのほか流通系などいくつか分社化が行われた。

表向きは開発力の強化、マネジメント力の強化などいろいろな理由が説明されたが、実のところ本社の社員数を減らし、会社をシンプルにしなければ、もはやセガは危険な状態になっていたのだ。

僕はこの分社化前に開発部署へ異動となり、『エターナルアルカディア』チームに入っていた。入社以来、初めての職種であるアシスタントプロデューサーとして、小玉理恵子プロデューサーの下で修業中だった僕は、そのままオーバーワークスへと転籍することになった。

『エターナルアルカディア』は、完全オリジナルのフルポリゴンＲＰＧであり、『シェンムー』と同じくセガサターンの弱点であるＲＰＧというジャンルをカバーするために開発をスタートしたソフトだ。こちらも負けず劣らずの長い開発期間に悩まされながら、最大１００人を超える開発スタッフ投入を経てようやく完成、10月にいよいよ発売、というタイミングでの分社化だった。

開発部署の分社化に続き、11月には社名が株式会社セガ・エンタープライゼスから株式会社セガに変更になった。このときのドリームキャストの全世界出荷は６００万台だった。日本の伸びは完全に止まり、北米で本体をさらに50ドル値下げして、海外での一定の市場の確保を狙ったが、その結果、赤字はさらに膨らんでいく。

２０００年夏以降のドリームキャストも決して悪くはなかった。６月にナムコの第２作『ミスタードリラー』、カプコンの『ストリートファイターⅢ サードストライク』、角川書店の『ロードス島戦記　邪神降臨』そして『ジェットセットラジオ』。

『エターナルアルカディア』

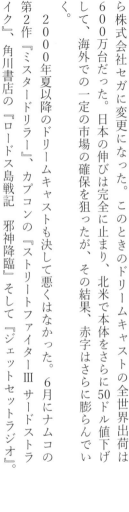

8月にゲームアーツの『グランディアII』。9月にカプコンの『ディノクライシス』『CAPCOM VS. SNK』と、テクモの『デッド オア アライブ2』。10月に『エターナルアルカディア』『ナップルテール』。11月に『パワースマッシュ』。12月にはサミーの『ギルティギアX』、そして待望のネットワークRPG『ファンタシースターオンライン』が満を持して発売となる。

『ファンタシースターオンライン』は、ドリームキャストの悲願であるオンラインゲームの決定版であった。

これまでPCユーザーしか知らなかったオンラインゲームの魅力を、うまく家庭用ゲーム機向けに翻訳しており、プレイのハードルは低く、そしてゲーム内容は新しさにあふれていた。

基本的なゲームの流れは、当時PCでヒットしていたマルチプレイヤーオンライン（MO）RPGの始祖『ディアブロ』(Blizzard Entertainment)にならいつつ、全世界4人同時オンラインパーティーの3Dアクションに仕上げた。マンガ的な吹き出し演出のチャットでコミュニケーションをとりながらのチームプレイ、モーフィングによる自分だけのプレイヤーキャラクターエディットなど、プレイヤーの個性を生かす機能が盛りだくさんで、すべてが世界中で誰も見たことのない、しかし極限までネットゲームのハードルを下げた、受け入れやすいゲームになっていた。

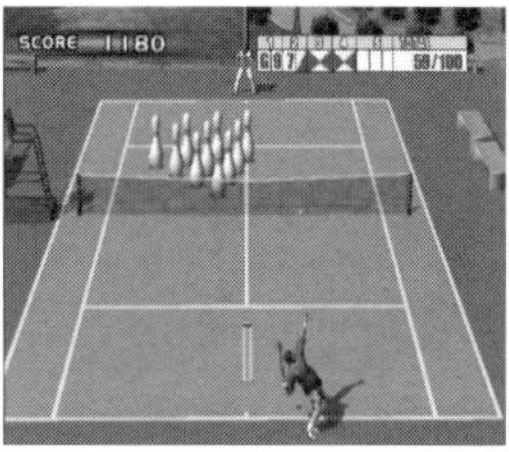

『パワースマッシュ』

『ファンタシースターオンライン』

このプレイ体験こそドリームキャストというハードがずっと求めていたものだった。プレイステーション2を含むほかのどんなハードでも決してできない、オンラインゲーム時代の象徴となるゲームが、本体の発売から2年を経てとうとう完成したのだ。

ドリームキャストのユーザーはこぞって『ファンタシースターオンライン』をプレイした。常時接続がまだなかった時代、テレホーダイを存分に利用して、夜中の11時から朝の8時までぶっ続けでプレイしていた人も少なくなかった。

もちろんドリームキャストだけでの話であるので数は極めて限られていたが、2000年というネットワークゲームの黎明期に、日本だけで9万人のユーザーが同じゲームをプレイしていたのだと考えると、ついにドリームキャストが描いた夢が現実になったのだと言えた。

一方で2000年のプレイステーション2のタイトルラインナップは、ハード発売1年目ということもあり、これまでの初代プレイステーションの盤石さと比べると決して強力とは言えないものだった。『デッド オア アライブ2』（テクモ）『アーマード・コア2』（フロム・ソフトウェア）などの続編タイトルが散発的に出たくらいで、12月の年末商戦も『ダーククラウド』（SCE）、『機動戦士ガンダム』（バンダイ）、『バウンサー』（スクウェア）などもちろん話題作はあったのだが、特筆すべきものはなかった。むしろ初代プレイステーションが豊作で、前述の『ドラクエⅦ』のほかにも、5月に『スーパーロボット大戦α』（バンプレスト）、9月に『高機動幻想ガンパレード・マーチ』（SCE）、11月には『テイルズ オブ エターニア』（ナムコ）と、コアなファン向けの、ボリュームのある人気タイトルが続き、話題の中心になっていたくらいだ。

しかし、それでもプレイステーション2は売れ続けた。

『ファンタシースターオンライン』の出た2000年の年末商戦でもドリームキャストは勝つことができなかった。未知の魅力にあふれていたこのゲームのすばらしさに、ハードを持っていない人が気づくまでには、時間がかかったのだ。

家庭用ハード事業からの撤退

年末年始商戦の終わった2001年1月末、セガはメディアを集め緊急記者会見を開き、今期末でのドリームキャストの製造を中止することを正式に発表した。これは1983年に「SC-3000」と「SG-1000」を発売して以来、約18年に渡って続いてきた家庭用ゲーム機のハード事業からの撤退を意味していた。

発表された数字によると、年末までの期内に日本で売れたドリームキャストはわずか28万台。ほか北米が１３５万台、欧州56万台、アジア13万台の、合計してもわずか２３２万台だった。これにより全世界で７００万台を突破したものの、当初予想と比較すると44％マイナスの数字である。

製造済みの在庫２００万台は、日本９９００円、北米99・95ドルで処分販売することになった。

この発表では合わせて、自社の看板である『バーチャファイター４』と「サクラ大戦」シリーズのプレイステーション２向け発売、ソニックシリーズのゲームボーイアドバンス向けの発売についても発表された。

セガのこのときの赤字は８００億円にも及んだが、大川社長兼会長は前年の５００億に続き、８５０億円の私財を贈与し、引き続きセガの再建を目指した。

ドリームキャスト最大の特徴であるネットワークゲーム。そのヒット作の実現は、大川会長の夢でもあった。新時代の萌芽ともいえる『ファンタシースターオンライン』がついに登場し、いよいよこれから「逆襲へ。」というタイミングで、ドリームキャストの終了は宣言されてしまったのだった。

それからひと月半後の３月16日、大川社長兼会長は以前からの病気の進行により逝去された。

２００１年４月、セガはドリームキャストのファン向けイベントとして

「GameJam in Zepp Tokyo」を開催した。発売されたばかりの、あるいは今後発売される新作ソフトの体験イベントだ。

ドリームキャストからは、苦労して獲得した有力なサードパーティーのほとんどが去っていったが、ハード事業終了後もカプコンを中心に多くのメーカーから新作タイトルが発売された。もちろんセガからも、本来はドリームキャストを牽引していくはずだった意欲的なゲームが出続けた。２月に『ハンドレッドソード』、３月に『サクラ大戦３』『セガガガ』、６月に『ソニックアドベンチャー２』、９月に『シェンムーII』などである。

ハード発売から３年が経ち、どのゲームもハード性能や個性を存分に生かしたものになっており、これらのゲームは当時遊んだファンにとっても忘れられないタイトルとなっていることだろう。

しかし、これらのゲームがファンの手元に届いている頃、ほとんどの開発スタッフはドリームキャストの開発機材を畳み、他社のハード向けのゲームを作っていた。

ワウはナムコの下請けとして『ザ ハウス オブ ザ デッド』チームの手による『ヴァンパイアナイト』をプレイステーション２へ。

ＳＥＧＡ-ＡＭ２は『バーチャファイター４』をプレイステーション２へ。

ヒットメーカーは『クレイジータクシー３』をＸｂｏｘへ。

はい！
いつでも大丈夫です！
バシーっといきましょう!!

『サクラ大戦３ ～巴里は燃えているか～』

アミューズメントビジョンは『スパイクアウト』をXboxへ。

スマイルビットは『ジェットセットラジオ』『パンツァードラグーン』の新作をXboxへ。

オーバーワークスは新作『Shinobi』をプレイステーション2へ。

ソニックチームは『ソニックアドベンチャー2』をゲームキューブに移植しつつ、ゲームボーイアドバンスに『ソニックアドバンス』を。

UGAはドリームキャスト向けに開発中だった『Rez』と『スペースチャンネル5 Part.2』を、プレイステーション2との同時開発に変更。

ウェーブマスターは『ルーマニア#203』の続編をプレイステーション2に。

（セガ・ロッソはアーケード向けの『頭文字D』を開発）


2002年になってドリームキャスト専用として発売されたゲームは、『サクラ大戦4』がほぼ実質的な最後と言えるだろう。

2002年の春、セガは前年に続き、再びファン向けのイベント「GameJam 2」を東京国際フォーラムで開催。『サクラ大戦4』の発売直後ということで、もはやそこにはドリームキャストのゲームの姿はほとんどなく、プレイステーション2、ゲームキューブ、Xbox、そしてゲームボーイアドバンスのタイトルが並んでいた。

あの……大神さんが、
結婚に興味をもたれていた
ようですので……あたし……
『サクラ大戦4　～恋せよ乙女～』

しかし会場の風景は1年前とは大きな違いがあった。なんと、ゲーム試遊台に小学生の行列ができていたのだ。２００１年末に発売されたゲームキューブ向けの移植版『ソニックアドベンチャー2バトル』と、同時発売されたゲームボーイアドバンス用の新作『ソニックアドバンス』が、いずれも予想を超えるヒットを記録。その結果、任天堂ハードのお客さんが初めてセガのイベントにやってきてくれたのだ。セガがこれまでずっと渇望していた、しかし自身の力ではどうしても手に入れられなかった低年齢層のファンを、ついに獲得した瞬間だった。

セガ自身のドリームキャスト最終作は、２００４年2月に発売された（全ハード網羅を目指して発売された）『ぷよぷよフィーバー』だったが、２００２年以降のドリームキャストを支えたのは、サードパーティーのゲーム会社だった。多くはＰＣから移植された美少女ゲームだったが、それでも２００４年までは多数のゲームが発売され、市場を維持し続けた。またアーケード向け互換基板ＮＡＯＭＩには、アーケード斜陽の時代でも『斑鳩』（ＥＳＰ）や『トライジール』（トライアングル・サービス）、『ラジルギ』（マイルストーン）、『トリガーハートエグゼリカ』（童）などのシューティングゲームが集まり、最終的に２００７年までドリームキャストに移植され続けた。結果として日本国内のドリームキャストタイトルは、製造中止後に発売されたＸｂｏｘの全タイトルよりもあとになるまで、長い期間発売されていた。

『ぷよぷよフィーバー』

「創造は生命」を体現したハード

ドリームキャストの最終販売台数は、最後の処分価格で発売した200万台を加えた全世界913万台。うち日本は245万台、北米では461万台、欧州161万台、アジア44万台だった。

ドリームキャスト終了後もアーケード互換基板であるNAOMI（および改良版NAOMI 2）は使われ続け、専用ドライブであるGD－ROMの生産終了後も、ディスク供給からROM供給に変え、その後も10年以上タイトルがリリースされ続けた。その中には、子供向けトレーディングカードゲームの元祖『甲虫王者ムシキング』（2003年〜）も含まれている。ドリームキャストの魂は生き続けた。

ドリームキャストで日本でのオンラインRPGの先駆者となった『ファンタシースターオンライン』は、製造中止後も人気が拡大していった。その後プレイヤーから「ゲームでの協力プレイがきっかけで結婚することになった」という報告が何件かセガに舞い込むようになり、開発スタッフを喜ばせた。

本作はいくつかのバージョンアップ版、移植版と派生作を経て、2012年にPC向けとして『ファンタシースターオンライン2』が登場。サービス開始から10年を越えた今も世界中で愛されている。

『ファンタシースターオンライン』が生み出した、家庭用オンラインゲームならではの多くの新しい試みは、カプコンの『モンスターハンター』やバンダイナムコの『ゴッドイーター』など、他社を含むその後のオンラインゲームにも影響を与えたと言われている。『ファンタシースターオンライン』こそ、ドリームキャストが目指したネットワークゲームを開拓する方針がなければ存在しえないゲームであった。

その後プレイステーションがインターネットを標準搭載するのは、2004年発売のプレイステーションポータブルになってからだ。ドリームキャストはそれよりも6年早い登場であり、ハードウェアのアイデンティティーとしてインターネットを選んだことは自ら苦難の道を選択したとも言えるが、セガがずっと社是として掲げてきた言葉「創造は生命」のとおり、開拓精神の集大成がドリームキャストだったのかもしれない。


時代は飛んで、ドリームキャストの製造中止宣言から20年後の2021年。ドリームキャストのとある話題がTwitterで拡散され、ニュースにもなった。

その話題とは、有名メタルバンドLOVEBITESの人気ベーシストmihoさんと、「ニコニコ生放送」の有名配信者であるクサカアキラさんとが、それぞれまだ小学生だったときに、ドリームキャストを介して出会った「ネット友達」だったというものだ。

2人は同じ趣味を持つ小学生同士[※16]ということで、ドリームキャストのチャットを通じて知り合い、小学校を卒業するまでの半年間、毎日のようにチャットやEメールを交わしていたという。

そして彼女たちはひょんなきっかけで再びお互いに気づき、20年経って初めて実際に会うことができたのだという。コロナ禍でなかなか友人に会えず苦しんでいる時期に、多くの人たちがこのニュースを見て彼女たちの再会を祝った。

あのときセガが、ドリームキャストでどうしてもかなえたかった、インターネットが可能にする新しい交流。それが確かに存在していたことを、彼女たちが20年ぶりに教えてくれたのだった。

1999年、ドリームキャスト発売前の10月に行われたメディア・流通向け結団式「ニューチャレンジカンファレンスⅡ」のために制作されながら、直前で上映が取り止められた幻の映画『仁義ある戦い[※17]』。ラストシーンで入交社長はこう語っている。

ドリームキャストの狙いは、これや。人と人とのコミュニケーションやで。これからはな、遊ぶためだけのゲーム機は終わりやど。

※16
当時ドリームキャストでインターネットを利用している小学生は、かなり稀だったと思われる。

※17
『仁義なき戦い』のパロディー短編映画。企画・脚本を秋元康が担当し、『TRICK』『池袋ウエストゲートパーク』『金田一少年の事件簿』などを手掛けた堤幸彦が監督した。出演者はすべて当時のセガ社員および役員が演じた。長らく封印されていたが、2002年春のGame Jam2で一般向けにイベント上映された。

大勢の人が集まって一つの目的に向かう。
心と心を結ぶ道具や。
生まれたばっかりのハードやから、まだまだやけどな。
そやけどな、可能性だけはあるで。
みんなで育てていただく夢の原石や。

『シェンムー』『ファンタシースターオンライン』『シーマン』……ドリームキャストはセガの家庭用ゲーム機を終わらせてしまった最後のハードであり、決して成功したハードではなかったが、この「夢の原石」は業界に影響を与え、その後のビデオゲームの歴史、オンラインの歴史に残る名ハードとして人々の記憶に残されていくだろう。

第 8 章 | 2002年～

その後

拡大の一途をたどるビデオゲーム市場

セガが家庭用ゲームハード事業から撤退した後の2000年代中盤、僕はプロデューサーとなり、新たに「プレイステーション2」向けにリスタートした「サクラ大戦」シリーズの仕事をしていた。※1 発売地域に欧米は含まれなかったが、日本以外のアジア地域向けとして台湾や香港へ向けた繁体字版、韓国向けのハングル版という新たなバージョンも、初めて自分たちで開発を行った。ゲーム市場はますます拡大の一途をたどっていた。

それに合わせて日本のゲーム業界では企業の再編が相次いだ。最初に世間を驚かせたのは、2002年の11月、2大RPG会社のスクウェアとエニックスが合併を発表したときだ。翌年4月には正式に新会社のスクウェア・エニックスが誕生した。

その次はセガだった。老舗のゲームメーカーであり、パチスロで大きく拡大していたサミーとの事業統合を2003年2月に発表。その後、別の合併話も出たりしたものの、翌2004年10月、セガとサミーは経営統合を行い、セガサミーホールディングスが誕生した。セガはセガサミーグループの一員となって再建を果たした。開発分社は再びセガ本体に吸収された。

この間セガとの合併報道もあったナムコは、かつてセガとの合併話を取り消した

※1 2004年9月発売の『サクラ大戦Ⅴ EPISODE 0 ～荒野のサムライ娘～』で、初めてプロデューサーとなった。

バンダイと2005年に経営統合し、バンダイナムコホールディングスが誕生した。また同時期にはタイトーがスクウェア・エニックスの、ハドソンはコナミの連結子会社となった（ハドソンは2012年に解散）。

2008年にはコーエー（光栄）とテクモが経営統合を発表、2009年にコーエーテクモホールディングスが誕生した。

経営基盤を強化した各社は、今も世界のゲーム業界で活躍している。

さて、セガが抜けたあとの家庭用ゲーム機のシェア争いは、マイクロソフトがセガのあとを引き継ぐかたちで、任天堂、ソニーと3社の戦いが続いている。ただし現在は家庭用ゲーム機以外にも、PCゲーム市場の拡大、スマートフォンやVR機器なども加わり、もはや家庭用ゲーム機市場がビデオゲームの中心とは呼べなくなっている。

その上中国などアジア各国を含め、世界のゲーム人口の増加もあって、ビデオゲームの市場規模は年々大きくなるばかりだ。「ファミ通ゲーム白書2022」によると、2021年の世界でのゲームコンテンツの市場規模は21兆927億円、うち日本は2兆円の市場ということで、世界でのシェアは1割にも満たない。

任天堂の売上は2021年度で1兆6953億円だが、ファミコンの発売直前直後の1983、1984年度はどちらも約650億円で、当時と比べれば実に26倍にもなる。

　１９８３年、セガと同じ日にゲーム機を発売し、長らく目標として戦ってきた任天堂が、今もソニーやマイクロソフトという巨大企業相手に善戦以上の戦いをしているところを見ていると、どこかでチャンスを生かしていれば、セガにもこんな未来があっただろうか？と考える。

　もし「ＳＧ－１０００」の性能がファミコンと同レベルだったとしたら？　もし北米でＧＥＮＥＳＩＳから次世代機への移行に失敗しなければ？　もし『バーチャファイター』が生まれなかったら、「セガサターン」の得意とした２Ｄゲームの時代が続いていた？　あるいはソニーと協力して１つのハードで任天堂に挑戦していれば？　もし「ドリームキャスト」の立ち上げがうまくいっていたら？　あるいは20世紀のうちにセガがソフトメーカーになっていたとしたら？　これまでで語ってきた中でいくつもあったターニングポイントに思いをはせる。こうした「歴史のｉｆ」は、一度でもセガハードを愛したことがある人ならば一晩中どころか何日でも語り明かすことができるだろう。もしドリームキャストの次に、もう一度新ハードを作ることができていたら？

　……しかし現実のセガは、どんなにファンから期待されようと、ドリームキャスト以降、家庭用ゲーム機を作ることはなかった。

約20年ぶりの家庭用ハード発売

２０１８年。秋葉原で行われたセガによるファン感謝イベント「セガフェス」の会場にて、令和初の新しい家庭用ゲーム機として「メガドライブミニ」が発表された。僕は会場の一番奥の壁に張りつきながら、遠くで里見治紀会長が本体を掲げながらメガドライブミニを紹介する姿を感慨深く見つめていた。この発表は、ドリームキャストから約20年ぶりのセガの家庭用ゲーム機ということで大変な話題となった。

メガドライブミニは、30年前に発売した「メガドライブ」をもとに、55%縮小したミニチュアであり、その中には多数のゲームがあらかじめ入っている、俗に「プラグ&プレイ」※2と呼ばれるゲーム機である。カートリッジなどのソフト交換式ではないから、つくりとしては１９８３年の初代セガハードＳＧ－１０００よりも昔の、任天堂の「カラーテレビゲーム15」と同じ１９７０年代のゲーム機に回帰したとも言える。中で動いているゲームソフトは、どれもメガドライブ用のなつかしいソフトばかりだから、最新ゲーム機と呼んでいいのかどうかは微妙なところだ。

ご承知のとおりこの商品は、２０１６年に任天堂が発売したミニチュア・プラグ&プレイ機「ニンテンドークラシックミニ　ファミリーコンピュータ」および

セガフェスの模様（２０１９年3月）

※2
「つないだら（plug）、特別な設定なしに実行（play）できる」という意味。メガドライブミニはテレビへの接続はHDMI、電源はUSB供給なので、文字どおり「挿すだけで遊べる」。

２０１７年の「ニンテンドークラシックミニ スーパーファミコン」のヒットを受けた後追い企画だ。任天堂のこの2機種は合わせて全世界で１０００万台が販売されていた。

「ニンテンドークラシックミニ」が発表されたとき、久しぶりに家庭用ゲーム機が「おもちゃ」として帰ってきたことを、僕はとても愛おしく思った。そしてこれはセガも作るべきだ！とすぐに原案書を書き、会社へ提出した。それが採用されたのかどうかははっきりしないが、それから2年後にいざ開発を始めるとなった際に、僕はまんまと開発担当者の一人に加わることができた。

メガドライブミニでの僕の役割は「コンテンツ統括」。ゲームソフトウェア部分の責任者である。メガドライブミニは予想をはるかに超えた反響に合わせて規模を拡大し、発表から1年半後の２０１９年秋に全世界で発売された。そして、発表時を上回る大きな反響をいただくことができた。30年経ってもメガドライブはみんなの記憶に残り、愛されていたことが本当にうれしかった。

ドリームキャストの製造中止とともに、家庭用ハードの開発に関わった社員の多くは「Ｘｂｏｘ」など他社ハードの開発に移るなどしてセガを去っていき、セガには家庭用ハードウェアの開発部署はなくなっていた。それでも携わった何名かは現在は管理職などに就いていたためこのときだけ現場に復帰してもらった。また、メ

メガドライブミニ

ガドライブ制作に関わったメンバーの一部は、メガドライブのアーキテクチャを使って作られた「キッズコンピュータ PICO」の開発に移行した関係で、そのままグループ会社のセガトイズで働いていたためプロジェクトに参加した。彼らなくして、メガドライブミニを制作することはできなかった。途切れたと思っていた歴史は繋がっていたのだ。

　メガドライブミニと同時期には、「NEO GEO mini」「プレイステーションクラシック」「PCエンジンmini」など、なつかしのハードが他社からも続々と登場し、大いに盛り上がった。あの最も白熱した90年代前半のゲーム機戦争の再来のようで僕も楽しかった。しかも今ならどれか1つを選ばなくても、大人の財力で全部買うことだってできる。競争は必要なかった。

　その後もセガは2020年に設立60周年を祝う記念グッズとして、遊べるミニチュア「ゲームギアミクロ」を発売。2022年には「メガドライブミニ2」も発売した。ここ数年は再び手軽にセガのハードに触れられるようになったが、できることならすべてのハードをコンプリートして、ここで語った歴史を順番になぞっていきたい気持ちだ。誰もやらないならバンダイの「アルカディア」も、エポック社の「カセットビジョン」も僕が全部復刻したい気持ちすらある。黒字にできるかどうかは疑わしいが……。

ゲームギアミクロ

メガドライブミニ2

「ファミリーコンピュータ」とセガの家庭用ハードが誕生して今年（2023年）で40年になる。40年前にセガに期待してSG－1000を選んだ人も、ファミコンを買おうとしてSG－1000を買ってしまった人も、誰もがアラフィフ以上だ。

セガの家庭用ハードは始まって40年、ミニハードを除けば終わってからも20年。今ではセガの社員でも、かつて任天堂やソニーとハードで競っていたことを知らない者がいても不思議ではないほどの長い時間が経った。現在ではゲーム機の歴史を語る際に、おもしろおかしくまとめられ、揶揄されることも多いセガの家庭用ハードだが、その軌跡を紐解いていけば、決して失敗と敗北だけの歴史ではなかったことを、多くの方に知ってもらいたいと思ってこの本を書いたがいかがだっただろうか。

新事業を生み出したSG－1000。欧州で天下を取った「セガ・マークⅢ／マスターシステム」。北米で任天堂と互角の対決をしたメガドライブ。国内トップの夢を見たセガサターン。そして家庭用オンラインゲームの道を切り開いた開拓者ドリームキャスト。セガハードの歴史は、最後は倒産の危機におよぶまで戦い続けた挑戦の歴史であった。

SG－1000の頃は200億円台だったセガの売り上げは、メガドライブ人気のピークだった1994年には3540億円にも達した。その後は長く赤字に苦しみながらも回復し、２０２３年のセガサミーの売り上げは３８９６億円。とうとう全盛期のセガを上回るまでになったのだ。

こうして復活を遂げられたのも、ビデオゲーム業界の礎になったあのときの挑戦があったからこそではないかと僕は思う。その結果として、セガの名は世界中の多くの人の記憶に残ったのだ。セガはもう新ハードを出すことはないのかもしれないが、これからも挑戦を続けるだろうし、生き続けるだろう。次はどんなことが起きるのか。これからも注目していてほしい。

おわりに

白夜書房は、僕にとって思い出深い出版社である。僕がまだ6歳の頃、父が白夜書房（当時の名はセルフ出版だった）で、『小説マガジン』という雑誌を創刊したからだ。表紙に描かれた「天才バカボン」のウナギイヌを、ウキウキしながらハサミで切り抜いた記憶がある。父はそれ以前にも「冷し中華思想の研究」というコーナーをセルフ出版の雑誌で連載していたそうだが、こちらは子供の私が読んではいけない本だったので、残念ながら記憶にない。

ともかくかつて父が印象的な仕事をした出版社から、こうして本を出していただけるとは不思議な縁だと思った。父もあの世で笑っていることだろう。

現在の僕と白夜書房との最初の出会いは2020年のことだ。Webサイト「ミライのアイデア」で、「ゲームギアミクロ」についてのインタビューのオファーをいただいたのだった。この本の編集者である佐藤さんにはそこで初めてお会いした。

それから半年ほど経って、佐藤さんから原稿執筆の依頼を突然いただいたときはずいぶん驚いた。

最初にいただいた案は「セガと歩むゲーム史」だった。「ミライのアイデア」での5回の連載ということだったが、「ゲーム史」ではスケールが大きすぎるため、5回では十分な話は書けないと思い、あえて多くの人の記憶に残るセガサターンの話題だけに絞ることにした。

そのときいただいた企画書にはすでに書籍化も目指したいとあって少し驚いたが、さすがに5回の連載程度ではボリューム的に難しいと思ったので、そこは深く考えずにお受けすることにした。

２０２１年の夏に掲載された最初の連載はおかげさまで好評をいただいたが、終了後に改めて書籍化について提案があり、真面目に考えることになった。

ところがその頃の僕はすでにメガドライブミニ２の開発が本格化していたので、今度は1年後にメガドライブの歴史についての連載をすることにしてお茶を濁した。

結局残りをすべて書き終えたのは２０２３年の1月になり、校正しているうちに連載時の原稿にもあちこち手を入れ、書き直していたらもう5月である。

結局最初にオファーをいただいてから2年以上かかってしまったが、最後まで辛抱強く対応してくださった佐藤さん、本当にありがとうございました。

本書は、「はじめに」で書いたように、あまりマニアックにしすぎず、ざっと歴史を俯瞰できるようにと思って書いたのだが、根がおたくなので、ところどころやりすぎたかもしれない。あと、ちょうどこの本を一旦書き終えてから間もなく、ＳＮＳでＴＶゲームの歴史の正否について盛り上がっているのを見たときはちょっと肝が冷えたことも書き残しておこう。

この本を出すにあたり、副業での執筆を強く勧めてくださったミヤヒロさん、南雲さん、松田さんを始め、応援とご協力をいただいた社内のみなさんありがとうございました。あと副業ができるようになったうちの会社もありがとう。

ＴＶゲームも誕生から半世紀を過ぎ、当事者の記憶も薄れていく中で、ゲーム史の研究が本格化するのは、日本ではこれからだと思う。この本を読んでくださった多くの「ゲーム考古学者」のみなさんも、よりいっそう歴史にも関心を持ち、学んでいっていただければ幸いである。

奥成洋輔

２０２３年5月
『異世界おじさん』第50話の更新を待ちながら

参考文献

雑誌、書籍

『セガハードヒストリア』(SBクリエイティブ、2021年)

『Beep』『BEEP!メガドライブ』『セガサターンマガジン』『ドリームキャストマガジン』『ドリマガ』(日本ソフトバンク、SBクリエイティブ)

『セガ・コンシューマー・ヒストリー』(エンターブレイン、2002年)

武層新木朗『週刊ファミ通』連載「Road To Famicom」(エンターブレイン、2008年9月12日号〜2009年1月2日号増刊)

上村雅之、細井浩一、中村彰憲『ファミコンとその時代 テレビゲームの誕生』(NTT出版、2013年)

赤木真澄『それは「ポン」から始まった アーケードTVゲームの成り立ち』(アミューズメント通信社、2005年)

小山友介「日本デジタルゲーム産業史 増補改訂版:ファミコン以前からスマホゲームまで」(人文書院、2020年)

大下英治『セガ・ゲームの王国』(講談社、1993年)

ブレイク・J・ハリス『セガVS.任天堂　ゲームの未来を変えた覇権戦争』(上・下)(早川書房、2017年)

山本直人『超実録裏話 ファミマガ 創刊26年目に明かされる制作秘話集』(徳間書店、2011年)

佐藤辰男『KADOKAWAのメディアミックス全史 サブカルチャーの創造と発展』(KADOKAWA、2021年)

厚木十三、水崎ひかる『電子ゲーム70's & 80'sコレクション』(オークラ出版、2000年)

クリスチャン・ワースター『コンピュータ 写真で見る歴史』(タッシェンジャパン、2002年)

『RackAce』(東京出版販売、1986年4月号、12月号)

Keith Stuart『Sega Mega Drive/Genesis Collected Works』(Read-Only Memory、2014年)

『Retro Gamer: The Master System The Sega Book』(Live Publishing、2016年)

『「DEFINITIVO MEGA DRIVE』(WARPZONE、2017年)

Web

「ゲームマシン」アーカイブ(アミューズメント通信社)
https://onitama.tv/gamemachine/archive.html

「オーラルヒストリー」(立命館大学ゲーム研究センター)
https://www.rcgs.jp/?page_id=204

ゲーム産業、イノベーションのルーツを探る(『日経クロステック』 日本経済新聞社)
https://xtech.nikkei.com/dm/atcl/feature/15/050800095/

ほか、「Beep21」(https://note.com/beep21/)、セガ公式ホームページ(https://www.sega.jp/)、任天堂公式ホームページ(https://www.nintendo.co.jp/)、SIE公式ホームページ(https://sonyinteractive.com/jp/)など

セガハード戦記

2023年 7 月 3 日　第1刷発行
2023年12月 5 日　第4刷発行

著者　奥成洋輔

編集人　佐藤直樹

デザイン　華本達哉（aozora.tv）

校正　中村 恵

発行人　森下幹人

発行所　株式会社 白夜書房
〒171-0033　東京都豊島区高田3-10-12
［TEL］03-5292-7751
［FAX］03-5292-7741
http://www.byakuya-shobo.co.jp

製版　株式会社 公栄社

印刷・製本　大日本印刷 株式会社